Daniel Guimarães Tedesco

MÉTODOS
MATEMÁTICOS
PARA FÍSICOS

Rua Clara Vendramin, 58 . Mossunguê . CEP 81200-170 . Curitiba . PR . Brasil
Fone: (41) 2106-4170
www.intersaberes.com
editora@intersaberes.com

Conselho editorial
Dr. Alexandre Coutinho Pagliarini
Dra. Elena Godoy
Dr. Neri dos Santos
Ma. Maria Lúcia Prado Sabatella

Editora-chefe
Lindsay Azambuja

Gerente editorial
Ariadne Nunes Wenger

Assistente editorial
Daniela Viroli Pereira Pinto

Preparação de originais
Gilberto Girardello Filho

Edição de texto
Millefoglie Serviços de Edição
Monique Francis Fagundes Gonçalves

Capa
Iná Trigo (*design*)
Martina V, P-fotography e AVS-Images/ Shutterstock (imagens)

Projeto gráfico
Débora Gipiela (*design*)
Maxim Gaigul/Shutterstock (imagens)

Diagramação
Muse Design

Iconografia
Regina Claudia Cruz Prestes
Sandra Lopis da Silveira

Dados Internacionais de Catalogação na Publicação (CIP)
(Câmara Brasileira do Livro, SP, Brasil)

Tedesco, Daniel Guimarães
  Métodos matemáticos para físicos / Daniel Guimarães Tedesco. -- Curitiba, PR: Editora InterSaberes, 2023. -- (Série física em sala de aula)

  Bibliografia.
  ISBN 978-85-227-0561-0

  1. Física - Estudo e ensino 2. Matemática - Estudo e ensino I. Título. II. Série.

23-157999   CDD-530.7

Índices para catálogo sistemático:
1. Física : Estudo e ensino   530.7

Eliane de Freitas Leite - Bibliotecária - CRB 8/8415

1ª edição, 2023.

Foi feito o depósito legal.

Informamos que é de inteira responsabilidade do autor a emissão de conceitos.

Nenhuma parte desta publicação poderá ser reproduzida por qualquer meio ou forma sem a prévia autorização da Editora InterSaberes.

A violação dos direitos autorais é crime estabelecido na Lei n. 9.610/1998 e punido pelo art. 184 do Código Penal.

Sumário

Apresentação 13

Como aproveitar ao máximo este livro 17

1 Relações entre álgebra linear e equações diferenciais 22

1.1 Equação do autovalor e sua forma 23

1.2 Problemas do autovalor de matrizes: aplicações 25

1.3 Problemas de autovalor hermitiano: aplicações 30

1.4 Diagonalização da matriz hermitiana e aplicações 40

1.5 Matrizes normais e autossistema normal 45

2 Teoria de Sturm-Liouville nas equações diferenciais e operadores diferenciais importantes 53

2.1 Introdução à teoria de Sturm-Liouville 54

2.2 Operadores hermitianos 57

2.3 Problemas de autovalor da EDO: aplicações 59

2.4 Método variacional e aplicações 65

2.5 Operadores diferenciais e generalizações curvilíneas 69

3 Funções e variáveis complexas e método da função de Green 85

3.1 Funções e variáveis complexas e condições de Cauchy-Riemann 87
3.2 Teorema e fórmula integral de Cauchy 93
3.3 Expansão de Laurent, singularidades e cálculo de resíduos 102
3.4 Funções de Green para problemas em uma dimensão 109
3.5 Função de Green para problemas em duas e três dimensões 124

4 Algumas funções especiais úteis na física-matemática 137

4.1 Função gama 138
4.2 Função de Bessel 146
4.3 Funções de Legendre 154
4.4 Momento angular e harmônicos esféricos 164
4.5 Funções de Hermite 174

5 Introdução ao método das equações integrais e à análise tensorial 191

5.1 Equações integrais 193
5.2 Métodos especiais de equações integrais 196
5.3 Mudança de base e tensores 203
5.4 Tensores na relatividade especial 214
5.5 Espaços curvos: a relatividade geral 232

6 Introdução ao cálculo variacional 249

  6.1 Cálculo das variações 250
  6.2 Equação de Euler-Lagrange 263
  6.3 Princípio de Hamilton e hamiltoniana 272
  6.4 Cálculo variacional com vínculos 278
  6.5 Teoria clássica de campos 285

Considerações finais 298
Referências 300
Bibliografia comentada 302
Respostas 315
Sobre o autor 339

Dedicatória

A Deus e às minhas meninas, Grezielle e Sara.

Agradecimentos

A Deus, que, além de ter me dado a chance de escrever esta obra, concedeu-me a capacidade de fazê-lo.
A minhas meninas, Grezielle e Sara, que atrapalharam estrategicamente a escrita deste livro. Sem essa estratégia, provavelmente eu estaria louco.
A meus pais, Francisco (in memoriam) e Luzia, que tanto auxiliaram em minha formação.
Aos amigos Anderson, Bruno, Marcos, Vahid e Yves, que também me atrapalharam sistematicamente enquanto desenvolvia este material.

Epígrafe

that God made the laws only nearly symmetrical so that we should not be jealous of His perfection! (E Deus fez as leis quase simétricas para que não tivéssemos inveja de sua perfeição!)

(R. P. Feynman)

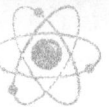

Prefácio

Livros, em geral, podem ser qualificados segundo algumas características selecionadas pelos autores, tais como simples e objetivos ou detalhados e complexos. No entanto, não são esses adjetivos que determinam sua qualidade ou função.

Os detalhados e complexos são essenciais para quem busca se aprofundar em determinado assunto e encara com tranquilidade a possibilidade de se enveredar em desafios durante meses (até mesmo, anos) de leitura, a fim de esmiuçar cada teorema relacionado ao tema desejado. Eu mesmo tenho grande paixão por livros assim, pois sou daqueles que prezam pela completa compreensão de um tópico, para conseguir resolver os problemas mais complicados.

Os simples e objetivos são igualmente importantes, uma vez que conferem leveza à leitura, além de assertividade e completeza, mas não apresentam muitos detalhes sobre os temas abordados. Isso significa que buscam atingir um público mais dinâmico, composto de sujeitos interessados em aprender as *nuances* do tema sem se ater a detalhes muitas vezes desnecessários e que "roubam demais seu tempo". Com isso, tais materiais ganham destreza na solução de problemas mais objetivos e que apresentam um caráter didático.

Todavia, quando terminei de ler este livro que você tem mãos, percebi que não se encaixa precisamente nem em uma definição nem em outra. Tentarei explicar isso nos parágrafos seguintes.

Ao fazer a conexão entre a álgebra linear e as equações diferenciais, no Capítulo 1, o autor busca dar muito mais sentido aos operadores lineares e a suas aplicações em problemas da física, seja esta a clássica, seja a moderna.

No Capítulo 2, com o devido rigor necessário, a teoria de Sturm-Liouville generaliza a metodologia utilizada com o objetivo de encontrar soluções para as equações diferenciais da física.

Já no Capítulo 3, o autor promove a construção do cálculo de funções complexas, o qual é crucial para a introdução das funções de Green, bem como para a aplicação do método usado para determiná-las, por meio das noções referentes à teoria das distribuições.

Na sequência, no Capítulo 4, deparamo-nos com a definição das funções especiais mais importantes, a maioria delas conectada às soluções das equações diferenciais dos capítulos anteriores. Tal estratégia fornece ao leitor melhor compreensão e clareza sobre o tema.

Por sua vez, no Capítulo 5, consta uma breve introdução acerca dos métodos para a identificação, a construção e a solução de equações integrais. Além disso, o texto inclui a definição e as propriedades dos tensores, elementos importantes para o entendimento de assuntos mais complexos, como a relatividade geral de Einstein.

Por fim, no Capítulo 6, o último da obra, o autor aborda o cálculo variacional por meio da construção da lagrangiana e da hamiltoniana, as quais são fundamentais para qualquer físico que pretenda descrever com mais elegância e simplicidade os sistemas observados na natureza. Ainda, apresenta alguns modelos da teoria clássica de campos – a exemplo do campo escalar e da equação de Klein-Gordon –, bem como versa sobre o campo eletromagnético tensorial, em que se sustentam as quatro equações de Maxwell.

Portanto, nota-se, que em determinados momentos, o autor prezou pela objetividade e simplicidade, e, em outros, os conteúdos foram tratados com mais complexidade.

A preocupação e o esforço de realizar um trabalho completo e didático são notórios. Essa mistura ou, em outras palavras, combinação linear entre simplicidade, objetividade, complexidade e detalhamento torna este material uma ótima referência tanto para os leitores que costumam optar por uma leitura mais leve quanto para aqueles que preferem um texto mais desafiador.

Por fim, a estrutura dos tópicos auxilia a entender a ordem mais clara para a compreensão completa dos assuntos, já que muitos textos são iniciados com o cálculo variacional em vez da álgebra linear, algo que, a meu ver, pode tornar muito complexo o entendimento geral.

Enfim, desejo aos leitores que desfrutem desta leitura e que se contagiem com o mesmo entusiasmo do autor ao escrever este livro.

Prof. Dr. Bruno Fernando Inchausp Teixeira
Professor Adjunto da Universidade do Estado do Rio de Janeiro (UERJ)

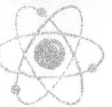

Apresentação

É surpreendente como a natureza se revela para cada pessoa. Para os físicos, a matemática é a forma natural pela qual entendemos todos os fenômenos físicos (sem entrar na discussão de ser a matemática uma ciência ou uma linguagem). Não estamos nos referindo à matemática elementar usual, mas, sim, a uma matemática um pouco mais complexa e, de certa forma, bem elegante. É fácil se encantar com o modo como os problemas da física se apresentam matematicamente, aproximando-se de uma arte um tanto abstrata. A natureza se revela para os físicos como equações, fórmulas, condições de contorno, representações etc.

Steven Weinberg argumenta que, atualmente, o físico está bem mais ocupado em explicar por que o mundo funciona do que em, propriamente, desvendar a natureza das coisas, contrariando toda a ontologia clássica. O filósofo da ciência se dispõe a desvendar se determinada teoria de fato se refere a alguma coisa, ao passo que o físico procura saber os limites de tal teoria, isto é, se essa teoria e modelagem matemática é capaz de predizer satisfatoriamente o comportamento de certos sistemas. É a conduta do físico que adotaremos nesta obra (trazendo um pouco de filosofia, quando necessário). Podemos resumir o pensamento do físico sobre a matemática com a seguinte frase de Einstein (1921, tradução nossa):

"Há um enigma que em todas as épocas agitou as mentes curiosas. Como pode a matemática, afinal um produto do pensamento humano que é independente da experiência, ser tão admiravelmente apropriada aos objetos da realidade?"

Terminado este prólogo, de forma bem dialética, neste livro empreenderemos uma aproximação com determinados objetos da matemática basilares para a física teórica e apresentaremos alguns métodos interessantes. Por se tratar de uma obra de caráter introdutório, em diversos pontos, faremos deduções mais minuciosas, ao passo que, em outros, recorreremos a outras bibliografias mais avançadas. Nossa intenção é, além de apresentar a matemática, fazer matemática.

Assim, no Capítulo 1, discorreremos sobre a álgebra linear, com foco nas equações diferenciais. Para esse primeiro momento do estudo, são requeridos alguns conhecimentos de álgebra linear e de cálculo diferencial e integral. Podemos, até mesmo, exagerar um pouco e afirmar que a física, basicamente, consiste em álgebra linear e cálculo diferencial, mas essa afirmação é um exagero – proposital – sobre a importância dessas duas disciplinas para o físico. Além disso, a noção de autovalores e autovetores será fundamental para a compreensão inicial.

No Capítulo 2, daremos um passo na direção de conectar, de fato, a álgebra linear às equações diferenciais, apresentando a teoria de Sturm-Liouville, que formaliza o conceito dos espaços vetoriais funcionais. Ao

final, chegaremos à generalização de operadores diferenciais em coordenadas curvilíneas, que servirá de base para o estudo dos capítulos subsequentes.

Então, no Capítulo 3, inicialmente, abordaremos as variáveis complexas, a fim de apresentar a análise complexa em um nível introdutório, mas com ênfase na prática. Em seguida, versaremos sobre as funções de Green sob uma perspectiva utilitária, como uma generalização da álgebra linear para operadores diferenciais. Como conexão, apresentaremos um método para a obtenção das funções de Green usando a análise complexa.

No Capítulo 4, utilizaremos a teoria de Sturm-Liouville para construir diversas funções especiais e os espaços vetoriais relacionados, excetuando a função gama, pois ela faz parte do estudo clássico das funções especiais.

No Capítulo 5, faremos uma breve explanação acerca das equações integrais e de alguns métodos de solução, sempre vinculando-os ao problema dos autovalores e autovetores. Ainda realizaremos uma análise tensorial introdutória, começando com tensores e mudança de base em sistemas simples e aplicando-os a duas áreas clássicas da física: a relatividade restrita e a relatividade geral.

Por fim, no Capítulo 6, utilizaremos o cálculo variacional para construir a mecânica clássica por meio do princípio de Hamilton. Nesse contexto, chegaremos às equações clássicas de Euler-Lagrange e de Hamilton,

finalizando com a teoria clássica de campos com o uso do cálculo variacional.

Esperamos que esta obra seja proveitosa para você, leitor(a), tanto quanto sua escrita foi para o autor. Aprender é verbo, é ação! Por isso, o aprendizado deve ser contínuo!

Como aproveitar ao máximo este livro

Empregamos nesta obra recursos que visam enriquecer seu aprendizado, facilitar a compreensão dos conteúdos e tornar a leitura mais dinâmica. Conheça a seguir cada uma dessas ferramentas e saiba como elas estão distribuídas no decorrer deste livro para bem aproveitá-las.

Introdução do capítulo
Logo na abertura do capítulo, informamos os temas de estudo e os objetivos de aprendizagem que serão nele abrangidos, fazendo considerações preliminares sobre as temáticas em foco.

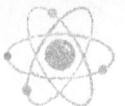

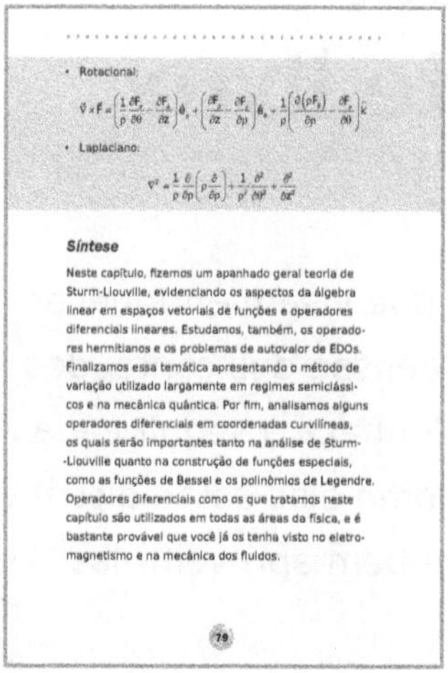

- Rotacional:

$$\vec{\nabla}\times\vec{F}=\left(\frac{1}{\rho}\frac{\partial F_z}{\partial\theta}-\frac{\partial F_\theta}{\partial z}\right)\hat{e}_\rho+\left(\frac{\partial F_\rho}{\partial z}-\frac{\partial F_z}{\partial\rho}\right)\hat{e}_\theta+\frac{1}{\rho}\left(\frac{\partial(\rho F_\theta)}{\partial\rho}-\frac{\partial F_\rho}{\partial\theta}\right)\hat{k}$$

- Laplaciano:

$$\nabla^2=\frac{1}{\rho}\frac{\partial}{\partial\rho}\left(\rho\frac{\partial}{\partial\rho}\right)+\frac{1}{\rho^2}\frac{\partial^2}{\partial\theta^2}+\frac{\partial^2}{\partial z^2}$$

Síntese

Neste capítulo, fizemos um apanhado geral teoria de Sturm-Liouville, evidenciando os aspectos da álgebra linear em espaços vetoriais de funções e operadores diferenciais lineares. Estudamos, também, os operadores hermitianos e os problemas de autovalor de EDOs. Finalizamos essa temática apresentando o método de variação utilizado largamente em regimes semiclássicos e na mecânica quântica. Por fim, analisamos alguns operadores diferenciais em coordenadas curvilíneas, os quais serão importantes tanto na análise de Sturm-Liouville quanto na construção de funções especiais, como as funções de Bessel e os polinômios de Legendre. Operadores diferenciais como os que tratamos neste capítulo são utilizados em todas as áreas da física, e é bastante provável que você já os tenha visto no eletromagnetismo e na mecânica dos fluidos.

79

Síntese

Ao final de cada capítulo, relacionamos as principais informações nele abordadas a fim de que você avalie as conclusões a que chegou, confirmando-as ou redefinindo-as.

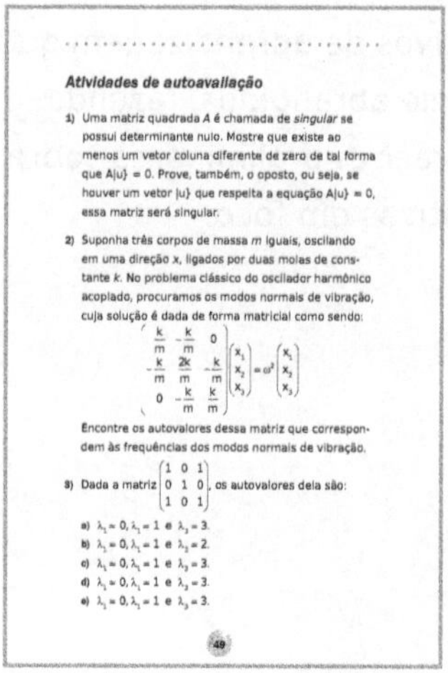

Atividades de autoavaliação

1) Uma matriz quadrada A é chamada de *singular* se possui determinante nulo. Mostre que existe ao menos um vetor coluna diferente de zero de tal forma que $A|u\rangle = 0$. Prove, também, o oposto, ou seja, se houver um vetor $|u\rangle$ que respeita a equação $A|u\rangle = 0$, essa matriz será singular.

2) Suponha três corpos de massa m iguais, oscilando em uma direção x, ligados por duas molas de constante k. No problema clássico do oscilador harmônico acoplado, procuramos os modos normais de vibração, cuja solução é dada de forma matricial como sendo:

$$\begin{pmatrix}\frac{k}{m} & -\frac{k}{m} & 0\\ -\frac{k}{m} & \frac{2k}{m} & -\frac{k}{m}\\ 0 & -\frac{k}{m} & \frac{k}{m}\end{pmatrix}\begin{pmatrix}x_1\\x_2\\x_3\end{pmatrix}=\omega^2\begin{pmatrix}x_1\\x_2\\x_3\end{pmatrix}$$

Encontre os autovalores dessa matriz que correspondem às frequências dos modos normais de vibração.

3) Dada a matriz $\begin{pmatrix}1 & 0 & 1\\ 0 & 1 & 0\\ 1 & 0 & 1\end{pmatrix}$, os autovalores dela são:

a) $\lambda_1 = 0, \lambda_1 = 1$ e $\lambda_3 = 3$.
b) $\lambda_1 = 0, \lambda_1 = 1$ e $\lambda_3 = 2$.
c) $\lambda_1 = 0, \lambda_1 = 1$ e $\lambda_3 = 3$.
d) $\lambda_1 = 0, \lambda_1 = 1$ e $\lambda_3 = 3$.
e) $\lambda_1 = 0, \lambda_1 = 1$ e $\lambda_3 = 3$.

49

Atividades de autoavaliação

Apresentamos estas questões objetivas para que você verifique o grau de assimilação dos conceitos examinados, motivando-se a progredir em seus estudos.

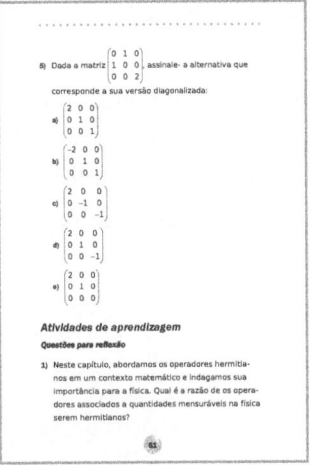

5) Dada a matriz $\begin{pmatrix} 0 & 1 & 0 \\ 1 & 0 & 0 \\ 0 & 0 & 2 \end{pmatrix}$, assinale- a alternativa que corresponde a sua versão diagonalizada:

a) $\begin{pmatrix} 2 & 0 & 0 \\ 0 & 1 & 0 \\ 0 & 0 & 1 \end{pmatrix}$

b) $\begin{pmatrix} -2 & 0 & 0 \\ 0 & 1 & 0 \\ 0 & 0 & 1 \end{pmatrix}$

c) $\begin{pmatrix} 2 & 0 & 0 \\ 0 & -1 & 0 \\ 0 & 0 & -1 \end{pmatrix}$

d) $\begin{pmatrix} 2 & 0 & 0 \\ 0 & 1 & 0 \\ 0 & 0 & -1 \end{pmatrix}$

e) $\begin{pmatrix} 2 & 0 & 0 \\ 0 & 1 & 0 \\ 0 & 0 & 0 \end{pmatrix}$

Atividades de aprendizagem

Questões para reflexão

1) Neste capítulo, abordamos os operadores hermitianos em um contexto matemático e indagamos sua importância para a física. Qual é a razão de os operadores associados a quantidades mensuráveis na física serem hermitianos?

61

Atividades de aprendizagem

Aqui apresentamos questões que aproximam conhecimentos teóricos e práticos a fim de que você analise criticamente determinado assunto.

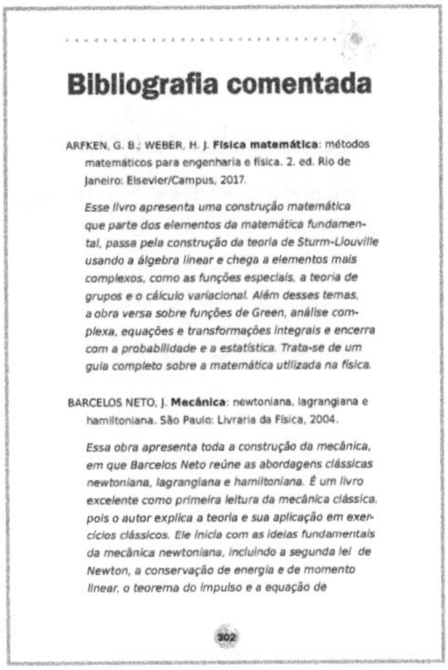

Bibliografia comentada

ARFKEN, G. B.; WEBER, H. J. **Física matemática**: métodos matemáticos para engenharia e física. 2. ed. Rio de Janeiro: Elsevier/Campus, 2017.

Esse livro apresenta uma construção matemática que parte dos elementos da matemática fundamental, passa pela construção da teoria de Sturm-Liouville usando a álgebra linear e chega a elementos mais complexos, como as funções especiais, a teoria de grupos e o cálculo variacional. Além desses temas, a obra versa sobre funções de Green, análise complexa, equações e transformações integrais e encerra com a probabilidade e a estatística. Trata-se de um guia completo sobre a matemática utilizada na física.

BARCELOS NETO, J. **Mecânica**: newtoniana, lagrangiana e hamiltoniana. São Paulo: Livraria da Física, 2004.

Essa obra apresenta toda a construção da mecânica, em que Barcelos Neto reúne as abordagens clássicas newtoniana, lagrangiana e hamiltoniana. É um livro excelente como primeira leitura da mecânica clássica, pois o autor explica a teoria e sua aplicação em exercícios clássicos. Ele inicia com as ideias fundamentais da mecânica newtoniana, incluindo a segunda lei de Newton, a conservação de energia e de momento linear, o teorema do impulso e a equação de

302

Bibliografia comentada

Nesta seção, comentamos algumas obras de referência para o estudo dos temas examinados ao longo do livro.

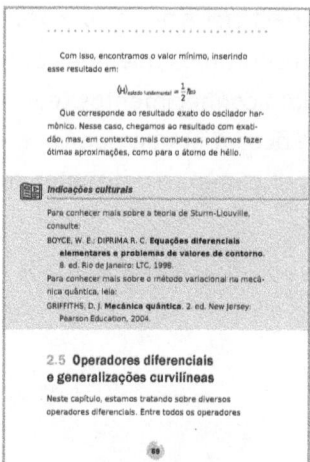

Indicações culturais

Para ampliar seu repertório, indicamos conteúdos de diferentes naturezas que ensejam a reflexão sobre os assuntos estudados e contribuem para seu processo de aprendizagem.

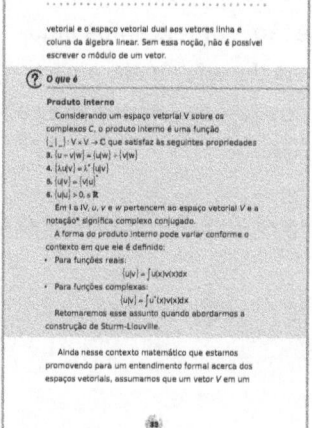

O que é

Nesta seção, destacamos definições e conceitos elementares para a compreensão dos tópicos do capítulo.

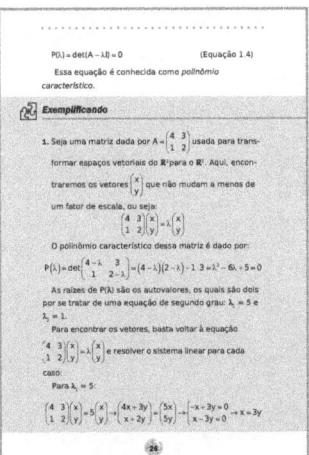

Exemplificando

Disponibilizamos, nesta seção, exemplos para ilustrar conceitos e operações descritos ao longo do capítulo a fim de demonstrar como as noções de análise podem ser aplicadas.

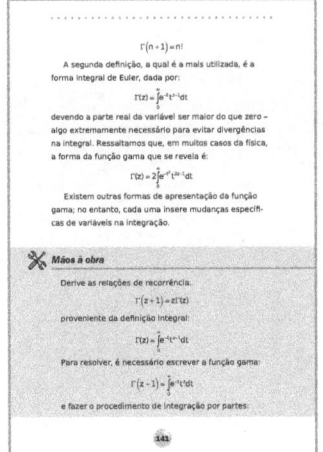

Mãos à obra

Nesta seção, propomos atividades práticas com o propósito de estender os conhecimentos assimilados no estudo do capítulo, transpondo os limites da teoria.

Relações entre álgebra linear e equações diferenciais

É sabido que, em física, são basilares os conhecimentos da matemática, sendo esta fundamental para a modelagem dos fenômenos naturais. Entretanto, dentro da matemática, sobressai-se a álgebra linear como um dos pilares na construção do que conhecemos na física. No entanto, ao longo deste livro, não enfocaremos somente sobre a álgebra linear; contemplaremos, principalmente, a relação muito estreita entre ela e as equações diferenciais (a serem estendidas para equações integrais em outro capítulo). Muitas teorias e leis usam tais equações em sua formulação, como é o exemplo da segunda lei de Newton, expressa a seguir em sua representação diferencial:

$$m\frac{dv}{dt} = F(x, v, t)$$ (Equação 1.1)

A visão proveniente da álgebra linear é muito útil na solução dessa equação e em diversos outros exemplos.

A seguir, apresentaremos a equação do autovalor e os problemas do autovalor, com uma série de classificações e exemplos.

1.1 Equação do autovalor e sua forma

Deve estar claro que a álgebra linear trata de objetos em espaços vetoriais, com diversas definições e propriedades. A equação é um caso especial de uma transformação linear e pode ser expressa na forma matricial:

$$AX = \lambda X \qquad \text{(Equação 1.2)}$$

em que *A* é um operador linear que faz a transformação no vetor *X*, e λ é o autovalor associado à transformação. Esse operador *A* é conhecido, mas os vetores *X* e os autovalores λ não. O objetivo é encontrar os vetores que não são alterados pela transformação, exceto pelo fator de escala λ.

O interessante não é desenrolar toda a definição formal dos autovalores e autovetores, e sim citar que uma boa parte dos problemas da física pode ser escrita na forma desta simples equação: $AX = \lambda X$.

O principal exemplo disso certamente é a equação de Schröedinger, independente do tempo no formalismo de Dirac.

$$H|\psi\rangle = E|\psi\rangle \qquad \text{(Equação 1.3)}$$

Em que *H* é o operador hamiltoniano, que descreve a dinâmica da partícula, $|\psi\rangle$ é o autoestado da partícula, e *E* corresponde à energia do estado representado por $|\psi\rangle$.

A mecânica quântica compreende a maior aplicação da álgebra linear e a construção dos autovalores e dos autovetores. Esse operador linear é um operador diferencial que proporciona a equação de Schröedinger unidimensional e independente do tempo:

$$\left[-\frac{\hbar^2}{2m} \frac{\partial^2}{\partial x^2} + V(x) \right] \Psi(x) = E\psi(x)$$

Claramente, eis aí um operador linear atuando em uma autoestado Ψ, levando a um autovalor de energia E multiplicado pelo autoestado. Nesse contexto, é um mais difícil encontrar os autovalores, algo que exige certo conhecimento sobre o espaço vetorial das funções. Entretanto, no decorrer desta obra, esmiuçaremos essas relações.

Sabendo que a álgebra linear é uma ferramenta necessária, prosseguiremos expondo alguns problemas do autovalor, bem como definições de hermiticidade e de diagonalização para matrizes primeiramente, por se tratar de casos mais simples.

1.2 Problemas do autovalor de matrizes: aplicações

No contexto das matrizes, para determinar os autovalores e autovetores de uma transformação, temos de revisitar a equação do autovalor $AX = \lambda X$, a qual pode ser reescrita como:

$$AX - \lambda IX = 0 \rightarrow (A - \lambda I)X = 0$$

em que *I* é a matriz identidade de mesma dimensão do espaço vetorial. O que precisa ser destacado é que o sistema homogêneo $(A - \lambda I)X = 0$ admite solução não trivial, o que leva a crer que $(A - \lambda I)$ é não invertível (também dito *equação característica*). Logo, o determinante desta é nulo, ou seja:

$P(\lambda) = \det(A - \lambda I) = 0$ \hfill (Equação 1.4)

Essa equação é conhecida como *polinômio característico*.

Exemplificando

1. Seja uma matriz dada por $A = \begin{pmatrix} 4 & 3 \\ 1 & 2 \end{pmatrix}$ usada para transformar espaços vetoriais do $\mathbb{R}^2$ para o $\mathbb{R}^2$. Aqui, encontraremos os vetores $\begin{pmatrix} x \\ y \end{pmatrix}$ que não mudam a menos de um fator de escala, ou seja:

$$\begin{pmatrix} 4 & 3 \\ 1 & 2 \end{pmatrix} \begin{pmatrix} x \\ y \end{pmatrix} = \lambda \begin{pmatrix} x \\ y \end{pmatrix}$$

O polinômio característico dessa matriz é dado por:

$$P(\lambda) = \det \begin{pmatrix} 4 - \lambda & 3 \\ 1 & 2 - \lambda \end{pmatrix} = (4 - \lambda)(2 - \lambda) - 1 \cdot 3 = \lambda^2 - 6\lambda + 5 = 0$$

As raízes de $P(\lambda)$ são os autovalores, os quais são dois por se tratar de uma equação de segundo grau: $\lambda_1 = 5$ e $\lambda_2 = 1$.

Para encontrar os vetores, basta voltar à equação $\begin{pmatrix} 4 & 3 \\ 1 & 2 \end{pmatrix} \begin{pmatrix} x \\ y \end{pmatrix} = \lambda \begin{pmatrix} x \\ y \end{pmatrix}$ e resolver o sistema linear para cada caso:

Para $\lambda_1 = 5$:

$$\begin{pmatrix} 4 & 3 \\ 1 & 2 \end{pmatrix} \begin{pmatrix} x \\ y \end{pmatrix} = 5 \begin{pmatrix} x \\ y \end{pmatrix} \rightarrow \begin{pmatrix} 4x + 3y \\ x + 2y \end{pmatrix} = \begin{pmatrix} 5x \\ 5y \end{pmatrix} \rightarrow \begin{cases} -x + 3y = 0 \\ x - 3y = 0 \end{cases} \rightarrow x = 3y$$

Logo, o autovetor associado ao autovalor $\lambda_1 = 5$ é dado por:

$$v_1 = \begin{pmatrix} 3y \\ y \end{pmatrix} = y \begin{pmatrix} 3 \\ 1 \end{pmatrix}$$

Para $\lambda_2 = 1$:

$$\begin{pmatrix} 4 & 3 \\ 1 & 2 \end{pmatrix} \begin{pmatrix} x \\ y \end{pmatrix} = 1 \begin{pmatrix} x \\ y \end{pmatrix} \rightarrow \begin{pmatrix} 4x+3y \\ x+2y \end{pmatrix} = \begin{pmatrix} x \\ y \end{pmatrix} \rightarrow \begin{cases} 3x+3y = 0 \\ x-y = 0 \end{cases}$$

Logo, o autovetor associado ao autovalor $\lambda_2 = 1$ é dado por:

$$v_2 = \begin{pmatrix} y \\ y \end{pmatrix} = y \begin{pmatrix} 1 \\ 1 \end{pmatrix}$$

Geralmente, faz-se o processo de normalização da constante à frente do autovetor. Salientamos que as soluções desses sistemas lineares são exemplos de sistemas possíveis e indeterminados, isto é, admitem infinitas soluções. Para normalizar o autovetor, este deve ser dividido por sua norma, calculada como $|v| = \sqrt{x^2 + y^2}$:

$$v_1 = \begin{pmatrix} \dfrac{3}{\sqrt{10}} \\ \dfrac{1}{\sqrt{10}} \end{pmatrix} \text{ e } v_2 = \begin{pmatrix} \dfrac{1}{\sqrt{2}} \\ \dfrac{1}{\sqrt{2}} \end{pmatrix}$$

Prosseguindo, destacamos que a quantidade de autovalores e de autovetores depende da dimensão do espaço vetorial. Ainda, em alguns casos, existem situações nas quais mais de um autovalor é idêntico. Quando há sistemas com autovalores iguais, eles são denominados *autossistemas degenerados*. Em casos da mecânica quântica, em autoestados que têm a mesma energia, a matriz que descreve a dinâmica é desse tipo. São estados físicos diferentes entre si, mas que apresentam o mesmo autovalor de energia.

2. Vamos estudar a seguinte matriz que tem autovalores degenerados:

$$M = \begin{pmatrix} 0 & 1 & 1 \\ 1 & 0 & 1 \\ 1 & 1 & 0 \end{pmatrix}$$

Repetindo o processo aplicado no exemplo 1, o polinômio característico e os autovalores são dados por:

$$P(\lambda) = \det \begin{pmatrix} -\lambda & 1 & 1 \\ 1 & -\lambda & 1 \\ 1 & 1 & -\lambda \end{pmatrix} = -\lambda^3 + 3\lambda + 2 = 0 \rightarrow \lambda_1 = \lambda_2 = -1, \lambda_3 = 2$$

Para calcular os autovetores associados a $\lambda_3 = 2$, usamos a equação do autovetor na forma matricial:

$$\begin{pmatrix} 0 & 1 & 1 \\ 1 & 0 & 1 \\ 1 & 1 & 0 \end{pmatrix} \begin{pmatrix} x \\ y \\ z \end{pmatrix} = \begin{pmatrix} 2x \\ 2y \\ 2z \end{pmatrix} \rightarrow \begin{cases} -2x + y + z = 0 \\ x - 2y + z = 0 \\ x + y - 2z = 0 \end{cases}$$

A solução para esse sistema é dada por $x = y = z$, o que acarreta o autovetor:

$$v_3 = \begin{pmatrix} x \\ x \\ x \end{pmatrix} = x \begin{pmatrix} 1 \\ 1 \\ 1 \end{pmatrix}$$

Já para os valores $\lambda_1 = \lambda_2 = -1$, a equação do autovetor fica:

$$\begin{pmatrix} 0 & 1 & 1 \\ 1 & 0 & 1 \\ 1 & 1 & 0 \end{pmatrix} \begin{pmatrix} x \\ y \\ z \end{pmatrix} = \begin{pmatrix} -x \\ -y \\ -z \end{pmatrix} \rightarrow \begin{cases} x+y+z=0 \\ x+y+z=0 \\ x+y+z=0 \end{cases} \rightarrow x = -y-z$$

Aqui, o sistema admite um grau de liberdade maior, ou seja, a variável x fica em função de y e z. Para encontrar os autovetores, substitui-se $x = -y - z$ em um vetor $\begin{pmatrix} x \\ y \\ z \end{pmatrix}$:

$$v = \begin{pmatrix} -y-z \\ y \\ z \end{pmatrix} = y \begin{pmatrix} -1 \\ 1 \\ 0 \end{pmatrix} + z \begin{pmatrix} -1 \\ 0 \\ 1 \end{pmatrix}$$

Os dois vetores que surgem naturalmente são ortogonais entre si. Podemos atribuir esses dois autovetores como solução:

$$v_1 = y \begin{pmatrix} -1 \\ 1 \\ 0 \end{pmatrix} \text{ e } v_2 = z \begin{pmatrix} -1 \\ 0 \\ 1 \end{pmatrix}$$

Então, encontramos três autovetores associados à matriz M.

1.3 Problemas de autovalor hermitiano: aplicações

À medida que avançarmos na exposição desse assunto, apresentaremos brevemente (quando necessário) alguns conceitos da álgebra linear fundamentais para o entendimento dos métodos matemáticos na física. Nesse momento, evocaremos os espaços vetoriais, que são estruturas matemáticas basilares na física teórica.

1.3.1 Espaços vetoriais

Os espaços vetoriais são mais do que estruturas de vetores simplificados. Esse tema se refere a quantidades que apresentam uma representação por expansões em série de funções (Taylor, Fourier etc.). No entanto, teremos de transcender: em vez de um espaço vetorial com os famosos vetores vistos em disciplinas da Física, trabalharemos com um espaço funcional, em que cada "vetor canônico" consiste em uma função. Além disso, as relações de transformações desse espaço também fazem parte da estrutura. Entretanto, não é nosso interesse definir precisa e detalhadamente os espaços vetoriais. Para isso, o(a) leitor(a) deverá pesquisar na literatura adequada.

Para clarificar um espaço funcional*, tomemos como exemplo um espaço bidimensional dado pela combinação linear:

$$u(k) = a_1\psi_1(k) + a_2\psi_2(k) \quad \text{(Equação 1.5)}$$

em que a_i representa as componentes desse vetor e ψ_i são os vetores, sendo *i* um índice que admite dois valores (1 e 2). Essa equação define um conjunto de funções u(k), a que chamamos de esp*aço vetorial linear*, as quais podem ser escritas com tais vetores de base, pela característica linear de u(k). Esse espaço é tido como vetorial porque respeita os oito axiomas relacionados à soma e à multiplicação por um escalar, conforme segue:

1. associatividade da adição;
2. comutatividade da adição;
3. identidade da adição;
4. inverso da adição;
5. multiplicação por escalar;
6. identidade da multiplicação por escalar;
7. distributividade da multiplicação por escalar (adição de vetores);
8. distributividade da multiplicação por escalar (adição de escalares).

De fato, várias são as *nuances* referentes aos espaços vetoriais e que são estudadas em cursos de Álgebra

---

* Aqui chamamos de *espaço funcional* o espaço vetorial com vetores de base que atuam como funções.

Linear – geralmente, com matrizes. Nesse contexto, surge o produto interno*, normalmente relacionado ao tamanho de vetores e à distância entre pontos.

É muito comum que o objetivo dos cursos de Álgebra Linear seja levar os estudantes a entender os espaços vetoriais euclidianos nos contextos da física e das engenharias, em que a distância entre dois pontos tem características bem-definidas. No entanto, a definição de produto interno é um pouco mais complexa, por se tratar de uma função de dois vetores que satisfaz a alguns axiomas.

Uma forma didática de definir o produto interno é associá-lo ao modo como dois vetores de um espaço vetorial se relacionam – o que consiste no modo pelo qual se define o ângulo entre vetores e distâncias**.

Geralmente, o produto interno é representado como $\langle u|v \rangle$ pensando já no formalismo de Dirac de *bracket*, que é mais generalista e não depende de uma representação específica.

Dirac sugeriu que, em vez de funções $\psi_i(k)$ postas em uma representação específica, sejam considerados os vetores de estado $|\psi_i\rangle$ chamados de *ket*, junto de seu dual $\psi_i^*(k)$ como $\langle \psi_i|$ chamado de *bra*. Compare o espaço

---

* Nos cursos básicos de Álgebra Linear, adota-se comumente o termo *produto escalar*, que é um tipo de produto interno.

** Lembre-se sempre do espaço vetorial euclidiano, em que o produto escalar é definido por:

$$\langle (x_1, y_1, z_1)|(x_2, y_2, z_2) \rangle = x_1 x_2 + y_1 y_2 + z_1 z_2.$$

vetorial e o espaço vetorial dual aos vetores linha e coluna da álgebra linear. Sem essa noção, não é possível escrever o módulo de um vetor.

 O que é

Produto interno

Considerando um espaço vetorial V sobre os complexos C, o produto interno é uma função $\langle \_ | \_ \rangle : V \times V \to \mathbb{C}$ que satisfaz às seguintes propriedades

I. $\langle u+v|w \rangle = \langle u|w \rangle + \langle v|w \rangle$

II. $\langle \lambda u|v \rangle = \lambda^* \langle u|v \rangle$

III. $\langle u|v \rangle = \langle v|u \rangle^*$

IV. $\langle u|u \rangle > 0, \in \mathbb{R}$

Em I a IV, *u*, *v* e *w* pertencem ao espaço vetorial V e a notação* significa complexo conjugado.

A forma do produto interno pode variar conforme o contexto em que ele é definido:

- Para funções reais:
$$\langle u|v \rangle = \int u(x)v(x)dx$$
- Para funções complexas:
$$\langle u|v \rangle = \int u^*(x)v(x)dx$$

Retomaremos esse assunto quando abordarmos a construção de Sturm-Liouville.

Ainda nesse contexto matemático que estamos promovendo para um entendimento formal acerca dos espaços vetoriais, assumamos que um vetor V em um espaço vetorial, agora com dimensão *n*, pode ser escrito na forma de uma expansão dada como:

$$V = a_1\psi_1 + a_2\psi_2 + \cdots + a_n\psi_n = \sum_{i=1}^{n} a_i\psi_i$$

No formalismo de Dirac, mudamos de maneira simples, introduzindo os *kets* como vetores de base:

$$|V\rangle = \sum_i |a_i\psi_i\rangle$$

Aparentemente, nada foi alterado, mas a mudança fica mais evidente quando se introduzem os produtos escalares do conjunto de vetores ortogonais* como:

$$\langle \psi_i|\psi\rangle_j = \delta_{ij} = \begin{cases} 0, & \text{se } i \neq j \\ 1, & \text{se } i = j \end{cases}$$

em que δ_{ij} é chamado de *delta de Kronecker*. Com isso, podemos definir as componentes dos vetores:

$$\langle \psi_i|V\rangle = \sum_j a_j \langle \psi_i|\psi_j\rangle = \sum_j a_j \delta_{ij} = a_i \rightarrow a_i = \langle \psi_i|V\rangle$$

Isso facilita a construção da identidade:

$$|V\rangle = \sum_i |\psi_i\rangle a_i = \sum_i |\psi_i\rangle\langle \psi_i|V\rangle = \underbrace{\left\{\sum_i |\psi_i\rangle\langle \psi_i|\right\}}_{i}|V\rangle$$

Explicitamente, a equação pode ser escrita como:

$$\sum_i |\psi_i\rangle\langle \psi_i| = 1 \qquad \text{(Equação 1.6)}$$

* Lembre-se do espaço vetorial euclidiano, em que definimos os vetores canônicos $\{\hat{i}, \hat{j}, \hat{k}\}$, os quais se relacionam escalarmente como $\hat{i}\cdot\hat{i} = \hat{j}\cdot\hat{j} = \hat{k}\cdot\hat{k} = 1$ e $\hat{i}\cdot\hat{j} = \hat{i}\cdot\hat{k} = \hat{j}\cdot\hat{k} = 0$.

Essa notação é útil porque denota vetores de modo abstrato sem uma representação específica*, além de facilitar o entendimento de algumas questões, como a definição da identidade recém-apresentada.

1.3.2 Operador hermitiano ou autoadjunto

Nesta seção, construiremos o valor esperado de uma quantidade no espaço vetorial, o qual pode ser relacionado a quantidades físicas observáveis, como a energia ou o momento de uma partícula. Faremos isso estabelecendo diretamente um vínculo com o tema proposto, que diz respeito ao estudo de um autovalor hermitiano.

Portanto, considere um operador H atuando sobre um vetor *ket* $|\psi_i\rangle$, dado por:

$$H|\psi_i\rangle = \beta_i |\psi_i\rangle \quad \text{(Equação 1.7)}$$

em que β_i o autovalor associado, que admite valores complexos. Multiplicando a esquerda pelo bra correspondente $\langle\psi_j|$ (também chamado de *valor médio*, que é feito com um "sanduíche" com os bras e *kets*):

$$\langle\psi_j|H|\psi_i\rangle = \beta_i \langle\psi_j|\psi_i\rangle \quad \text{(Equação 1.8)}$$

---

* Usamos o termo *representação* para indicar que o vetor ainda é abstrato, ou seja, não é escrito como uma matriz ou como uma série de Fourier.

Considere o mesmo operador *H* atuando sobre um vetor bra $\langle\psi_i|$, dado por:

$$\langle\psi_j|H = \langle\psi_j|\beta_j^*$$ (Equação 1.9)

em que β_i^* é o autovalor associado complexo conjugado*. É interessante ressaltar que, nesse caso, o operador age da esquerda para a direita. Vale ressaltar que isso é comum nos cálculos da mecânica quântica, nos quais se define a direção de atuação do operador que, diversas vezes, está associado a quantidades físicas. Assim, pode-se multiplicar pela direita por um vetor *ket* $|\psi_j\rangle$:

$$\langle\psi_j|H|\psi_i\rangle = \beta_j^*\langle\psi_j|\psi_i\rangle$$ (Equação 1.10)

Comparando as Equações 1.7 e 1.9 com os índices iguais (que chamamos de *valores médios*), notamos que só serão consistentes se os autovalores forem iguais, isto é, os autovalores da matriz hermitiana devem ser reais, pois:

$$\langle\psi_i|H|\psi_i\rangle = \beta_i\langle\psi_i|\psi_i\rangle = \beta_i^*\langle\psi_i|\psi\rangle_i \rightarrow (\beta_i - \beta_i^*)\langle\psi_i|\psi_i\rangle = 0$$

Para valores distintos de *i* e *j*, e devendo os autovalores serem reais, é possível combiná-las da seguinte maneira:

$$(\beta_i - \beta_j)\langle\psi_j|\psi_i\rangle = 0$$ (Equação 1.11)

---

* Lembre-se de que o complexo conjugado de um número complexo é dado invertendo o sinal da parte imaginária: (a + bi)* = a − bi.

Nesse caso, os autovetores da matriz hermitiana são ortogonais. Advertimos, porém, que, se houver degenerescência, não será possível afirmar algo sobre a ortogonalidade. Assim, será preciso recorrer ao processo de escolha, fazendo uso de qualquer conjunto de vetores linearmente independente e ortonormalizar com o processo de Gram-Schmidt.

Exemplificando

Caso você ainda não tenha compreendido o sentido do operador hermitiano, acompanhe o exemplo na representação matricial:

$$H = \begin{pmatrix} 3 & 2-i & -5i \\ 2+i & 0 & 9-5i \\ 5i & 9+5i & 6 \end{pmatrix}$$

Depreende-se que:
- ela é igual a sua transposta conjugada, isto é, fazemos a transposta H^T e, após, tomamos o conjugado complexo;
- os autovalores dela são reais e obtidos por meio do polinômio característico $\lambda^3 - 9\lambda^2 - 118\lambda + 158 = 0$ (faça este exercício com o uso de um *software* simbólico);
- os autovetores dessa matriz são ortogonais. Isso significa que o produto escalar entre eles é nulo (também é interessante fazer este exercício de álgebra linear básica).

Se você não se lembra de alguns conceitos como matriz transposta, matriz inversa, operador adjunto e outras definições da álgebra linear, faça esta leitura acompanhado de uma boa obra de álgebra linear!

O que é

Operador adjunto

Dado um operador linear A escrito em um espaço vetorial V que possui produto interno, definimos como adjunto de A o operador $A^\dagger$ que satisfaz à seguinte equação:

$$\langle \phi | A\psi \rangle = \langle A^\dagger \phi | \psi \rangle$$

Essa relação é a generalização do conceito da matriz transposta conjugada, para qualquer dimensão.

Operador hermitiano ou autoadjunto

Considere um operador linear A escrito em um espaço vetorial V que possui produto interno associado à sua versão adjunta $A^\dagger$. Chamamos de autoadjunto quando:

$$\langle \phi | A\psi \rangle = \langle A\phi | \psi \rangle$$

Logo, $A^\dagger = A$. Em decorrência disso, esse operador tem autovalores reais somente se:

$$\langle \psi | A\psi \rangle = \langle A\psi | \psi \rangle = \lambda = \lambda^*$$

1.3.3 Expansões e produtos escalares

É mandatório, neste capítulo inicial, abordarmos as expansões de funções. Assumamos escrever as funções *f* e *g* definidas nos números complexos como:

$$f = \sum_i a_i \psi_i$$

$$g = \sum_i b_i \psi_i$$

Então, é possível estabelecer o produto escalar como:

$$\langle f|g \rangle = \sum_{ij} a_i^* b_j \langle \psi_i | \psi_j \rangle$$

Caso haja ortogonalidade no conjunto, ou seja, $\langle \psi_i | \psi_j \rangle = \delta_{ij}$ teremos simplesmente:

$$\langle f|g \rangle = \sum_i a_i^* b_i$$

Em um caso especial no qual as funções sejam iguais, obteremos:

$$\langle f|f \rangle = \sum_i a_i^* a_i = \sum_i |a_i|^2$$

Isso conduz à acepção conhecida na geometria analítica, com a diferença de que estamos lidando com uma definição maior de módulo, ou seja:

$$\langle f|g \rangle = a^\dagger \cdot b$$
$$\langle f|f \rangle = a^\dagger \cdot a$$

E os vetores e seus adjuntos são definidos da seguinte forma:

$$a^\dagger = \begin{pmatrix} a_1^*, a_2^*, \ldots, a_n^* \end{pmatrix}, \quad a = \begin{pmatrix} a_1 \\ a_2 \\ \vdots \\ a_n \end{pmatrix}$$

Ao longo desta obra, aprofundaremos o estudo desse processo, uma vez que as componentes dos vetores serão calculadas de modo mais geral, além das matrizes.

1.4 Diagonalização da matriz hermitiana e aplicações

Um dos processos utilizados com matrizes é a diagonalização. Matrizes diagonais têm, naturalmente, autovalores, os quais correspondem às componentes da diagonal.

Começaremos a abordagem do processo de diagonalização com a equação dos autovetores de uma matriz:

$$AX = \lambda X$$

Considere a matriz A hermitiana. Inserindo a matriz identidade na forma $I = U^{-1}U$, em que U é uma matriz unitária, isto é, de determinante 1 que não transforma o espaço vetorial de maneira prejudicial, temos:

$$AU^{-1}UX = \lambda X$$

Multiplicando pela esquerda pela mesma matriz unitária U:

$$\left(UAU^{-1}\right)\left(UX\right) = \lambda \left(UX\right)$$

Convém observar que a multiplicação pela matriz unitária não mudou o autovalor λ. Da mesma forma, a estrutura de equação dos autovetores também foi mantida, com o operador diagonal $D = UAU^{-1}$ e o vetor UX. Também é importante ressaltar que o uso de uma transformação unitária se dá pela preservação do comprimento do vetor X.

❓ O que é

Matriz diagonal

Matriz quadrada de ordem N que tem a forma:

$$D = \begin{pmatrix} d_{11} & 0 & \cdots & 0 \\ 0 & d_{22} & \cdots & 0 \\ \vdots & \vdots & \ddots & 0 \\ 0 & 0 & 0 & d_{NN} \end{pmatrix}$$

Portanto, os elementos seguem esta regra de construção:

$$\begin{cases} d_{ij} = 0, & \text{se } i \neq j \\ d_{ij} \neq 0, & \text{se } i = j \end{cases}$$

Matriz identidade

Matriz quadrada de ordem N, diagonal, cuja forma é:

$$I = \begin{pmatrix} 1 & 0 & \cdots & 0 \\ 0 & 1 & \cdots & 0 \\ \vdots & \vdots & \ddots & 0 \\ 0 & 0 & 0 & 1 \end{pmatrix}$$

Os elementos também seguem uma regra de construção, a saber:

$$\begin{cases} a_{ij} = 0, & \text{se } i \neq j \\ a_{ij} \neq 0, & \text{se } i = j \end{cases}$$

Matriz unitária

Matriz quadrada de ordem N, complexa, que apresenta a seguinte condição:

$$U^*U = UU^* = I$$

em que U^* a matriz transposta conjugada, estabelecendo uma relação com a matriz inversa $U^* = U^{-1}$.

Com o processo de diagonalização, encontra-se a matriz unitária, a qual é construída com seus autovetores normalizados, isto é, com módulo igual a 1. Por meio do exemplo a seguir, será mais fácil compreender o operacional.

Exemplificando

Seja a matriz A hermitiana, que pode ser verificada rapidamente com três autovalores diferentes:

$$A = \begin{pmatrix} 3 & 0 & 0 \\ 0 & 0 & 1 \\ 0 & 1 & 0 \end{pmatrix}$$

Tais autovalores são $\lambda_1 = 3$, $\lambda_2 = -1$ e $\lambda_3 = 1$, calculados mediante a equação característica $\det(A - \lambda I) = 0$.
Os autovetores são dados por:

$$v_1 = \begin{pmatrix} 1 \\ 0 \\ 0 \end{pmatrix}, v_2 = \begin{pmatrix} 0 \\ -1 \\ 1 \end{pmatrix} \text{ e } v_3 = \begin{pmatrix} 0 \\ 1 \\ 1 \end{pmatrix}$$

Eles são ortogonais entre si por simples verificação, mas dois deles não são unitários.

Por sua vez, para a diagonalização de A, precisamos encontrar uma matriz U e sua inversa. Escrevendo as matrizes, lidamos com a expressão $D = UAU^{-1}$ para a matriz diagonal D:

$$D = \begin{pmatrix} 3 & 0 & 0 \\ 0 & -1 & 0 \\ 0 & 0 & 1 \end{pmatrix}$$

Como informamos anteriormente, a matriz U é construída com os autovetores normalizados, o que pode ser feito dividindo-os por seu módulo*, a seguir:

$$U = \begin{pmatrix} 1 & 0 & 0 \\ 0 & -\frac{1}{\sqrt{2}} & \frac{1}{\sqrt{2}} \\ 0 & \frac{1}{\sqrt{2}} & \frac{1}{\sqrt{2}} \end{pmatrix} = U^{-1}$$

Uma das características da matriz unitária satisfaz à condição $U^* = U^{-1}$, ou seja, a matriz inversa desta é igual à matriz transposta conjugada. Nesse caso, a matriz U

---

*   O módulo de um vetor v = (x, y, z) é classicamente dado por $|v| = \sqrt{x^2 + y^2 + z^2}$.

equivale a sua inversa (fica a cargo do(a) leitor(a) realizar a multiplicação matricial que segue):

$$\begin{pmatrix} 1 & 0 & 0 \\ 0 & -\frac{1}{\sqrt{2}} & \frac{1}{\sqrt{2}} \\ 0 & \frac{1}{\sqrt{2}} & \frac{1}{\sqrt{2}} \end{pmatrix} \begin{pmatrix} 3 & 0 & 0 \\ 0 & -1 & 0 \\ 0 & 0 & 1 \end{pmatrix} \begin{pmatrix} 1 & 0 & 0 \\ 0 & -\frac{1}{\sqrt{2}} & \frac{1}{\sqrt{2}} \\ 0 & \frac{1}{\sqrt{2}} & \frac{1}{\sqrt{2}} \end{pmatrix} = \begin{pmatrix} 3 & 0 & 0 \\ 0 & 0 & 1 \\ 0 & 1 & 0 \end{pmatrix}$$

Um dos usos mais frequentes da diagonalização, principalmente na mecânica quântica, consiste no cálculo do valor esperado da energia, como segue:

$$\langle H \rangle = \langle \psi | H | \psi \rangle$$

Quando encontramos os autovalores e autovetores, esse processo é facilitado. A diagonalização ocorre na representação matricial. Contudo, para além das matrizes, existe um limite do contínuo, que não explicitaremos neste material em razão da complexidade da temática. No entanto, é fundamental entender esse processo no estudo da teoria quântica de campos.

Na mecânica quântica, a diagonalização de matrizes é um dos processos numéricos mais realizados. A razão disso é que a equação de Schröedinger independente do tempo é uma equação de autovalor, embora a maioria das situações físicas esteja escrita em um espaço de Hilbert de dimensão infinita*.

Uma aproximação muito comum se refere ao truncamento do espaço de Hilbert para dimensão finita. Após isso, a equação de Schröedinger pode ser formulada como um problema de autovalor de uma matriz hermitiana real simétrica ou complexa. Formalmente, tal aproximação é baseada no princípio variacional, válido para hamiltonianos que são limitados por baixo. A teoria da perturbação de primeira ordem também leva ao problema de autovalor de matriz para estados degenerados.

1.5 Matrizes normais e autossistema normal

Outra classe de matrizes importante na física é a matriz normal, que surge quando a matriz comuta com sua adjunta, ou seja:

$$\left[A, A^\dagger\right] = AA^\dagger - A^\dagger A = 0$$

---

* O espaço de Hilbert é caracterizado por conter um produto interno que permite definir a norma de um vetor e a distância entre dois vetores. Esse produto interno também possibilita estabelecer a noção de ortogonalidade entre vetores. O espaço de Hilbert é completo, ou seja, toda sequência de Cauchy converge para um vetor no espaço e tem uma base ortonormal, que consiste em uma coleção de vetores mutuamente ortogonais, cuja norma é igual a um.

Nesse caso, a ordem na multiplicação não altera o objeto final. Salientamos que as matrizes hermitianas são matrizes normais, assim como as matrizes anti-hermitianas*.

O processo de demonstração da diagonalização de uma matriz normal por uma transformação unitária passa pela prova de que seus autovetores podem formar um conjunto ortonormal, isto é, pela exigência de que os autovetores de diferentes autovalores sejam ortogonais.

Convém, diante disso, provar que uma matriz normal e sua adjunta têm o mesmo autovetor, supondo que um autovetor da matriz normal A com um autovalor λ respeite a equação dos autovetores (com sua versão dual) alterada propositalmente:

$$(A - \lambda I)|x\rangle = 0$$

$$\langle x|(A^\dagger - \lambda^* I) = 0$$

(Equação 1.12)

Agora, faremos um cálculo de valor médio utilizando as equações apresentadas:

$$\langle x|(A^\dagger - \lambda^* I)(A - \lambda I)|x\rangle = 0$$

$$\langle x|(A - \lambda I)(A^\dagger - \lambda^* I)|x\rangle = 0$$

---

* Definição de matriz anti-hermitiana – $A^\dagger = -A$.

Na segunda equação, há uma comutação feita para reescrever a sentença, a fim de notar o produto escalar feito. A única maneira de haver anulação será no caso de:

$$(A^\dagger - \lambda^* I)|x\rangle = 0$$

Isso indica que a matriz normal e sua adjunta têm o mesmo autovetor, mas os autovalores são conjugados complexos, pois estamos lidando com matrizes gerais (que incluem números complexos).

Então, precisamos demonstrar que os autovetores são ortogonais, o que foi feita também para matrizes hermitianas:

$$\langle x_i|A|x_j\rangle = \lambda_j \langle x_i|x_j\rangle$$

$$\langle x_i|A^\dagger|x_j\rangle = \lambda_j^* \langle x_i|x_j\rangle$$

Porém, ao tomar o complexo conjugado da segunda equação, observamos que:

$$\langle x_j|A|x_i\rangle = \lambda_i \langle x_j|x_i\rangle.$$

Isso indica que se os autovalores são diferentes, a ortogonalidade é provada. Dessa forma, podemos concluir que:

- os autovalores de uma matriz anti-hermitiana são imaginários puros;
- os autovalores de uma matriz unitária são unitários, ou seja, $\lambda^*\lambda = 1$.

Indicações culturais

Para conhecer mais sobre álgebra linear, leia:

ANTON, H.; BUSBY, R. C. **Álgebra linear contemporânea**. Porto Alegre: Bookman, 2005.

KHAN ACADEMY. **Matemática**: álgebra linear. Disponível em: <https://pt.khanacademy.org/math/linear-algebra>. Acesso em: 15 jul. 2023.

Síntese

Neste capítulo, tratamos de alguns conteúdos da álgebra linear importantes para a física teórica – ratificamos, inclusive, a importância da construção da física proveniente dessa área da matemática.

Assim, começamos nossos estudos com os autovalores e os autovetores, passando por diversas definições de alguns objetos. Fornecemos alguns exemplos de autossistemas não degenerados e degenerados, até chegarmos à diagonalização da matriz hermitiana. Por fim, abordamos as matrizes normais e o autossistema normal. Boa parte dos exemplos apresentados foi realizada na representação matricial. No entanto, à medida que avançarmos no tratamento dos conteúdos, acrescentaremos algumas representações úteis.

Atividades de autoavaliação

1) Uma matriz quadrada A é chamada de *singular* se possui determinante nulo. Mostre que existe ao menos um vetor coluna diferente de zero de tal forma que $A|u\rangle = 0$. Prove, também, o oposto, ou seja, se houver um vetor $|u\rangle$ que respeita a equação $A|u\rangle = 0$, essa matriz será singular.

2) Suponha três corpos de massa m iguais, oscilando em uma direção x, ligados por duas molas de constante k. No problema clássico do oscilador harmônico acoplado, procuramos os modos normais de vibração, cuja solução é dada de forma matricial como sendo:

$$\begin{pmatrix} \frac{k}{m} & -\frac{k}{m} & 0 \\ -\frac{k}{m} & \frac{2k}{m} & -\frac{k}{m} \\ 0 & -\frac{k}{m} & \frac{k}{m} \end{pmatrix} \begin{pmatrix} x_1 \\ x_2 \\ x_3 \end{pmatrix} = \omega^2 \begin{pmatrix} x_1 \\ x_2 \\ x_3 \end{pmatrix}$$

Encontre os autovalores dessa matriz que correspondem às frequências dos modos normais de vibração.

3) Dada a matriz $\begin{pmatrix} 1 & 0 & 1 \\ 0 & 1 & 0 \\ 1 & 0 & 1 \end{pmatrix}$, os autovalores dela são:

a) $\lambda_1 = 0, \lambda_1 = 1$ e $\lambda_3 = 3$.
b) $\lambda_1 = 0, \lambda_1 = 1$ e $\lambda_3 = 2$.
c) $\lambda_1 = 0, \lambda_1 = 1$ e $\lambda_3 = 3$.
d) $\lambda_1 = 0, \lambda_1 = 1$ e $\lambda_3 = 3$.
e) $\lambda_1 = 0, \lambda_1 = 1$ e $\lambda_3 = 3$.

4) Dada a matriz $\begin{pmatrix} 0 & 1 & 0 \\ 1 & 0 & 0 \\ 0 & 0 & 2 \end{pmatrix}$, os autovetores normalizados dela são:

a) $v_1 = \begin{pmatrix} 0 \\ 0 \\ 1 \end{pmatrix}$, $v_2 = \begin{pmatrix} \frac{1}{\sqrt{2}} \\ \frac{1}{\sqrt{2}} \\ 0 \end{pmatrix}$ e $v_3 = \begin{pmatrix} \frac{1}{\sqrt{2}} \\ -\frac{1}{\sqrt{2}} \\ 0 \end{pmatrix}$

b) $v_1 = \begin{pmatrix} 0 \\ 1 \\ 0 \end{pmatrix}$, $v_2 = \begin{pmatrix} \frac{1}{\sqrt{2}} \\ \frac{1}{\sqrt{2}} \\ 0 \end{pmatrix}$ e $v_3 = \begin{pmatrix} \frac{1}{\sqrt{2}} \\ -\frac{1}{\sqrt{2}} \\ 0 \end{pmatrix}$

c) $v_1 = \begin{pmatrix} 0 \\ 0 \\ 1 \end{pmatrix}$, $v_2 = \begin{pmatrix} \frac{1}{\sqrt{2}} \\ 1 \\ \frac{1}{\sqrt{2}} \end{pmatrix}$ e $v_3 = \begin{pmatrix} \frac{1}{\sqrt{2}} \\ -\frac{1}{\sqrt{2}} \\ 0 \end{pmatrix}$

d) $v_1 = \begin{pmatrix} 0 \\ 0 \\ 1 \end{pmatrix}$, $v_2 = \begin{pmatrix} \frac{1}{\sqrt{2}} \\ \frac{1}{\sqrt{2}} \\ 1 \end{pmatrix}$ e $v_3 = \begin{pmatrix} \frac{1}{\sqrt{2}} \\ -\frac{1}{\sqrt{2}} \\ 1 \end{pmatrix}$

e) $v_1 = \begin{pmatrix} 0 \\ 0 \\ 1 \end{pmatrix}$, $v_2 = \begin{pmatrix} \frac{1}{\sqrt{2}} \\ \frac{1}{\sqrt{2}} \\ -1 \end{pmatrix}$ e $v_3 = \begin{pmatrix} \frac{1}{\sqrt{2}} \\ -\frac{1}{\sqrt{2}} \\ 0 \end{pmatrix}$

5) Dada a matriz $\begin{pmatrix} 0 & 1 & 0 \\ 1 & 0 & 0 \\ 0 & 0 & 2 \end{pmatrix}$, assinale- a alternativa que corresponde a sua versão diagonalizada:

a) $\begin{pmatrix} 2 & 0 & 0 \\ 0 & 1 & 0 \\ 0 & 0 & 1 \end{pmatrix}$

b) $\begin{pmatrix} -2 & 0 & 0 \\ 0 & 1 & 0 \\ 0 & 0 & 1 \end{pmatrix}$

c) $\begin{pmatrix} 2 & 0 & 0 \\ 0 & -1 & 0 \\ 0 & 0 & -1 \end{pmatrix}$

d) $\begin{pmatrix} 2 & 0 & 0 \\ 0 & 1 & 0 \\ 0 & 0 & -1 \end{pmatrix}$

e) $\begin{pmatrix} 2 & 0 & 0 \\ 0 & 1 & 0 \\ 0 & 0 & 0 \end{pmatrix}$

Atividades de aprendizagem

Questões para reflexão

1) Neste capítulo, abordamos os operadores hermitianos em um contexto matemático e indagamos sua importância para a física. Qual é a razão de os operadores associados a quantidades mensuráveis na física serem hermitianos?

2) Você provavelmente já ouviu falar em computação quântica. Na computação clássica, o *bit* tem dois valores, definidos como 0 ou 1 – o famoso sistema binário. A esse respeito, reflita: Como a mecânica quântica permite a criação de um sistema de computação quântica que pode resolver problemas que seriam intransponíveis para a computação clássica?

Atividade aplicada: prática

1) Considerando o que expusemos neste capítulo sobre álgebra linear, construa um mapa mental a respeito dos espaços vetoriais no qual constem as principais características e relações importantes para a física.

Teoria de Sturm-Liouville nas equações diferenciais e operadores diferenciais importantes

2

Anteriormente, focamos no estudo da álgebra linear e dos espaços vetoriais. Neste capítulo, contemplaremos as equações diferenciais ordinárias (EDOs) de um modo diferente daquele costumeiramente adotado em cursos básicos universitários. Propomos aqui conectar os conhecimentos trabalhados no capítulo anterior com as EDOs pelo chamado *problema de Sturm-Liouville*.

Essa teoria é muito importante na física, área em que os problemas de Sturm-Liouville ocorrem com muita frequência, particularmente no que diz respeito a equações diferenciais parciais lineares separáveis. Por exemplo, na mecânica quântica, a equação de Schröedinger unidimensional independente do tempo é um problema de Sturm-Liouville.

2.1 Introdução à teoria de Sturm-Liouville

Antes de propor o problema de Sturm-Liouville, apresentamos apresentar uma equação clássica: a das ondas estacionárias de uma corda vibrante:

$$\frac{d^2}{dx^2}\psi + k^2\psi = 0$$

Em que ψ é a amplitude de deslocamento da corda, de forma transversal em determinado ponto x, e k é um parâmetro associado ao sistema. Podemos reescrever essa equação adicionando uma pequena mudança de notação que conduzirá a uma interpretação de problema de autovalores e autovetores:

$$L\psi = -k^2\psi$$

em que $L = \dfrac{d^2}{dx^2}$ é um operador linear.

Utilizamos toda a base matemática apresentada no capítulo anterior: escolhemos uma base do espaço de Hilbert, definimos um produto escalar, expandimos os operadores e "vetores" nos termos da base e resolvemos a equação de fato. Com isso, podemos definir a equação de Sturm-Liouville da seguinte forma:

$$-\frac{d}{dt}\left(p(t)\frac{dy(y)}{dt}\right) + q(t)y(t) - \lambda r(t)y(t) = 0$$

Os coeficientes *p(t)*, *q(t)* e *r(t)* são funções de *t*, e a função a ser encontrada é *y(t)*. Na literatura, a função *r(t)* é chamada de *função densidade*. Da mesma forma, λ são autovalores do sistema, e as soluções correspondentes são chamadas de *autofunções*. Como na álgebra linear, o conjunto de todos os autovalores é denominado *espectro do sistema*.

Definindo um intervalo [*a*, *b*], com a equação de Sturm-Liouville, existem as condições de fronteira (ou de extremos separados):

$$\begin{cases} \alpha_0 y(a) + \alpha_1 \dfrac{dy}{dt}\bigg|_{t=a} = 0 \\ \beta_0 y(b) + \beta_1 \dfrac{dy}{dt}\bigg|_{t=b} = 0 \end{cases}$$

sendo os coeficientes α_i e β_i reais. A equação e suas condições de fronteira são chamadas de *problema de Sturm-Liouville regular*. Na literatura, geralmente por conveniência, escreve-se em termos de um operador diferencial homogêneo:

$$L[y] = -\frac{d}{dt}\left(p(t)\frac{dy(y)}{dt}\right) + q(t)y(t)$$

Então, podemos escrever a equação diferencial de forma análoga à equação do autovetor como:

$$L[y] = \lambda r(x)y$$

Nesse problema, os teoremas advêm da forma do operador:

- todos os autovalores do problema de Sturm-Liouville são reais;
- as autofunções são ortogonais;
- os autovalores do problema de Sturm-Liouville estão associados a somente uma autofunção linearmente independente;
- as expansões em série de infinitas autofunções convergem.

Todas essas características fazem do problema de Sturm-Liouville algo bem estável e conhecido. A seguir, analisaremos alguns exemplos que serão utilizados nos capítulos seguintes.

2.2 Operadores hermitianos

Para ser hermitiano, o operador precisa ser linear em um espaço vetorial, além de ter um produto interno bem-definido e autoadjunto. Para provar isso, temos de estabelecer o produto interno de duas funções complexas no intervalo [a, b], dado por:

$$\langle u | v \rangle = \int_a^b u^*(t)v(t)dt$$

Empregaremos, então, procedimento semelhante ao que aplicamos na Seção 1.3, quando encontramos a hermiticidade de um operador. Para isso, precisamos escrever os produtos $\langle L[\psi] | \psi \rangle$ e $\langle \psi | L[\psi] \rangle$, que são iguais graças à linearidade do operador L. Temos, então (sabendo que a função $r(t)$ é real):

$$\langle L[\psi] | \psi \rangle = \int_a^b \lambda^* r(t) \psi^*(t) \psi(t) dt$$

$$\langle \psi | L[\psi] \rangle = \int_a^b \lambda r(t) \psi^*(t) \psi(t) dt$$

Logo, sabendo que $\langle L[\psi] | \psi \rangle = \langle \psi | L[\psi] \rangle$:

$$(\lambda - \lambda^*) \int_a^b r(t) \psi^*(t) \psi(t) dt = 0$$

Como a integral é diferente de zero, a conclusão a que chegamos é que os autovalores são reais. Se repetirmos o procedimento para autofunções diferentes, obteremos:

$$\langle L[u] | v \rangle - \langle u | L[v] \rangle = 0 = \langle \lambda_u u | v \rangle - \langle \lambda_v u | v \rangle$$

$$(\lambda_u - \lambda_v)\langle u | v \rangle = 0$$

Como $\lambda_u - \lambda_v \neq 0$, encontramos a ortogonalidade das autofunções. Todas essas características são construídas para que o operador de Sturm-Liouville seja autoadjunto, ou seja, hermitiano.

? O que é

Funções ortogonais

Em matemática, duas funções f e g são ortogonais se seu produto interno é nulo:

$$\langle f|g \rangle = 0$$

Frisamos que todas essas características levam a uma construção sólida das soluções de problemas de Sturm-Liouville. Assumamos que há uma infinidade de funções características $y_n(t)$ ortogonais com a função densidade $r(t)$ e que podemos escrever uma função representada por uma série infinita da seguinte forma:

$$f(t) = \sum_{n=1}^{\infty} a_n y_n(t)$$

Podemos encontrar o m-ésimo coeficiente dessa série utilizando a ortogonalidade; para isso, multiplicamos ambos os lados por $r(t)y_m(t)$ e integramos no intervalo $[a, b]$:

$$\int_a^b r(t)y_m(t)f(t)dt = \int_a^b r(t)y_m(t)\sum_{n=1}^{\infty} a_n y_n(t)dt$$

Na integral à direita, resta somente a autofunção com mesmo índice, em razão da ortogonalidade:

$$\int_a^b r(t)y_m(t)f(t)dt = a_m \int_a^b r(t)\left(y_m(t)\right)^2 dt$$

Assim, obtemos o *m*-ésimo termo como:

$$a_m = \frac{\int_a^b r(t)y_m(t)f(t)dt}{\int_a^b r(t)\left(y_m(t)\right)^2 dt}.$$

Antes de finalizarmos esta seção, faremos uma breve consideração acerca do produto escalar e de sua definição no contexto das autofunções e do problema de Sturm-Liouville. Apesar de termos utilizado outra definição anteriormente, podemos perceber que o produto escalar tem a função densidade $r(t)$, a qual surge naturalmente quando provamos a hermiticidade do operador de Sturm-Liouville, a saber:

$$\langle u \mid v \rangle = \int_a^b r(t)u^*(t)v(t)dt$$

O produto escalar que utilizamos consiste em um caso especial da equação anterior, com $r(t) = 1$.

2.3 Problemas de autovalor da EDO: aplicações

O problema de Sturm-Liouville é extremamente útil quando lidamos com equações diferenciais, pois ele permite definir categoricamente as autofunções e suas relações.

Na física, diversas equações diferenciais surgem associadas a fenômenos diversos, como na mecânica dos fluidos, na mecânica quântica etc. Contudo, nem sempre as equações se manifestam como o problema de Sturm-Liouville. Nesses casos, antes é necessário realizar um procedimento para transformar uma EDO em autoadjunta. Em muitos contextos assim, lidamos com problemas de autovalor da forma:

$$L[\phi(x)] = \lambda \phi(x)$$

Com um operador diferencial de segunda ordem, em geral, como:

$$L[\,] = p_2(x)\frac{d^2}{dx^2} + p_1(x)\frac{d}{dx} + p_0(x)$$

Este será autoadjunto se existir uma relação $(p_2(x))' = p_1(x)$, que levará o operador na forma conhecida:

$$L[\,] = \frac{d}{dx}\left(p_2(x)\frac{d}{dx}\right) + p_0(x)$$

Quando uma EDO não é autoadjunta, há uma forma consistente de transformá-la, usando uma função w(x) que obedece a certos critérios. Multipliquemos a equação do autovalor por essa função:

$$w(x)L[\phi(x)] = \lambda w(x)\phi(x)$$

Se a função escolhida for:

$$w(x) = \frac{1}{p_2(x)}\exp\left(\int \frac{p_1(x)}{p_2(x)}dx\right)$$

O operador ficará na seguinte forma:

$$\bar{p}_2(x)\frac{d^2}{dx^2} + \bar{p}_1(x)\frac{d}{dx} + w(x)p_0(x) = w(x)L[\,]$$

Com as novas funções escritas:

$$\bar{p}_2(x) = \exp\left(\int \frac{p_1(x)}{p_2(x)}dx\right),\ \bar{p}_1(x) = \frac{p_1(x)}{p_2(x)}\exp\left(\int \frac{p_1(x)}{p_2(x)}dx\right)$$

O que preserva a definição anterior para que o operador seja autoadjunto $\bar{p}_2(x)' = \bar{p}_1(x)$. Nessa mudança, ocorre uma ligeira modificação no produto escalar, definido no intervalo [a, b] como:

$$\langle \psi \mid \phi \rangle = \int_a^b \psi(x)^* \phi(x) w(x) dx$$

Agora, o problema de Sturm-Liouville está posto, por meio de uma definição relevante de produto escalar, com um artifício de cálculo semelhante ao fator integrante utilizado em soluções de EDOs.

❓ O que é

Produto escalar no contexto do problema de Sturm-Liouville

Definindo o espaço vetorial das soluções da equação de Sturm-Liouville da forma:

$$-\frac{d}{dt}\left(p(t)\frac{dy(y)}{dt}\right) + q(t)y(t) - \lambda r(t)y(t) = 0$$

O produto escalar neste espaço vetorial é dado por:

$$\langle \psi | \phi \rangle = \int_a^b \psi(x)^* \phi(x) r(x) dx$$

em que ψ e ϕ soluções da EDO de Sturm-Liouville.

Exemplificando

1. Um operador que segue essa proposta é o gerador das funções de Laguerre:

$$L[\,] = x \frac{d^2}{dx^2} + (1-x) \frac{d}{dx}$$

Esse operador não é autoadjunto, pois $(p_2(x))' = p_1(x)$ ($p_2 = x$ e $p_1 = 1 - x$). Podemos construir a função-peso como:

$$w(x) = \frac{1}{p_2} \exp\left(\int \frac{p_1}{p_2} dx \right) = \frac{1}{x} \exp\left(\int \frac{x-1}{x} dx \right) = e^{-x}$$

Assim, podemos lidar com o operador lastreado pelo problema de Sturm-Liouville, com o produto escalar definido para duas autofunções:

$$\langle \psi | \phi \rangle = \int_a^b \psi(x)^* \phi(x) e^{-x} dx$$

Alguns operadores são utilizados na física, a exemplo da equação de Legendre, vista na solução do átomo de hidrogênio na mecânica quântica e dada por:

$$L[y(x)] = -(1-x^2) \frac{d^2}{dx^2} y(x) + 2x \frac{d}{dx} y(x) = \lambda y(x)$$

Tal equação é autoadjunta por inspeção. A partir dela, são construídos os polinômios de Legendre, fundamentais para o entendimento das órbitas do átomo de hidrogênio.

2. Outra equação importante é a de Hermite, parecida com a de Laguerre, mas que precisa ser transformada em autoadjunta:

$$L[y(x)] = -\frac{d^2}{dx^2}y(x) + 2x\frac{d}{dx}y(x) = \lambda y(x)$$

Seu peso é calculado como:

$$w(x) = \frac{1}{-1}\exp\left(\int \frac{2x}{-1}dx\right) = -e^{-x^2}$$

Nela, o produto interno é definido com o peso $w(x) = e^{-x^2}$, que fica positivo por conveniência (lembre-se de como ele surgiu, sendo multiplicado em ambos os lados de uma igualdade):

$$\langle \psi | \phi \rangle = \int_a^b \psi(x)^* \phi(x) e^{-x^2} dx$$

2.3.1 Fórmula de Rodrigues

Uma característica importante da teoria de Sturm--Liouville diz respeito a um importante recurso encontrado pelo matemático Odile Rodrigues, que mostrou que uma grande classe de EDOs de segunda ordem tinha uma forma elegante e compacta de solução. Aqui, nós deduziremos a fórmula de Rodrigues.

Seja uma EDO de segunda ordem:

$$\frac{d}{dx}\left\{\omega(x)p(x)\xi'_m(x)\right\} + \lambda\omega(x)\xi_m(x) = 0$$

Aqui, manteremos foco nos polinômios $p(x)$ e $q(x)$ por uma questão matemática:

$$p(x) = ax^2 + bx + c \quad \text{e} \quad q(x) = ex + f$$

E para a função-peso dada por:

$$\omega(x) = \frac{1}{p(x)} \exp\left(\int \frac{q(x)}{p(x)} dx\right)$$

Sabendo que as soluções são ortogonais e dadas por:

$$\int_a^b \xi_n(x)\xi_m(x)\omega(x)dx = A_n \delta_{mn}$$

podemos encontrar as soluções pela fórmula de Rodrigues:

$$\xi_n(x) = \frac{a_n}{\omega(x)} \frac{d^n}{dx^n}\left[\omega(x)[p(x)]^n\right]$$

em que a_n é uma constante a ser ajustada (caso seja necessário). Para exemplificar, recorreremos à EDO de Hermite:

$$y'' - 2xy' + \lambda y = 0$$

A função-peso é encontrada facilmente, sabendo-se que $p(x) = 1$ e $q(x) = -2x$:

$$\omega(x) = \frac{1}{p(x)} \exp\left(\int \frac{q(x)}{p(x)} dx\right) = \frac{1}{1}\exp\left(\int \frac{-2x}{1} dx\right) = e^{-x^2}$$

Usando a fórmula de Rodrigues com $a_n = (-1)^n$ para ajustar os sinais corretos dos polinômios de Hermite:

$$y_n(x) = \frac{a_n}{\omega(x)} \frac{d^n}{dx^n}\left[\omega(x)[p(x)]^n\right] = \frac{(-1)^n}{e^{-x^2}} \frac{d^n}{dx^n}[e^{-x^2}] = H_n(x)$$

Tais polinômios serão abordados no capítulo dedicado a funções especiais. A base matemática da teoria de Sturm-Liouville, junto à fórmula de Rodrigues, providencia diversas funções especiais utilizadas em inúmeras áreas da física.

2.4 Método variacional e aplicações

Um método utilizado para correções quânticas e regimes semiclássicos é o de variação. Um operador hermitiano H para uma função normalizada, escrita em termos da decomposição espectral:

$$\langle H \rangle = \langle \psi | H | \psi \rangle = \sum_{i=1}^{\infty} |a_i|^2 \lambda_i$$

Tal operador é encontrado depois que os autovalores e autovetores de uma matriz hermitiana H são definidos. Na física, essas entidades correspondem a elementos fundamentais na análise. Por exemplo, os autovalores do operador hamiltoniano são as energias ou, então, os níveis de energia vistos nos sistemas quânticos. Assim, expande-se um operador na base de seus autovetores, e este se torna o operador diagonal:

$$H = \sum_i |v_i\rangle \lambda_i \langle v_i|$$

em que cada vetor $|v_i\rangle$ satisfaz à equação de autovetores ortogonais $\langle v_i | v_i \rangle = 1$:

$$H|v_i\rangle = \lambda_i |v_i\rangle$$

Esse resultado nos permite encontrar a decomposição espectral para funções do operador *H*, como segue:

$$f(H) = \sum_i |v_i\rangle f(\lambda_i)\langle v_i|$$

Obtém-se, assim, como resultado importante o conhecimento dos autovalores do operador inverso de *H*:

$$H^{-1}|v_i\rangle = \frac{1}{\lambda_i}|v_i\rangle$$

Sabendo disso, podemos relacionar o princípio variacional à mecânica quântica, em conjunto com a teoria de perturbações como alternativa para a equação de Schröedinger de certas hamiltonianas mais complexas. Contudo, esse método não é capaz de fornecer todas as autofunções e as energias dos autoestados do sistema. Não obstante, conseguimos boas aproximações, além da possibilidade de estimar o estado fundamental com certa confiança, desde que forneçamos funções-teste razoavelmente adequadas. Toma-se como premissa que, para um *ket* arbitrário pertencente ao espaço de estados desse sistema:

$$E_{\text{estado fundamental}} \leq \langle \psi | H | \psi \rangle \equiv \langle H \rangle$$

Isso significa que, com o valor médio da hamiltoniana nesse estado arbitrário $|\psi\rangle$, podemos estimar o valor da energia do estado fundamental. Ainda, somamos isso ao conhecimento da equação do autovalor do sistema quântico:

$$H|\Psi\rangle = E|\Psi\rangle \rightarrow \langle\Psi|H|\Psi\rangle = E\langle\psi|\psi\rangle$$

$$E = \frac{\langle \psi | H | \psi \rangle}{\langle \Psi | \psi \rangle}$$

Nele, fizemos o colapso com o bra correspondente. O interessante da função-teste é que podemos afirmar inocentemente que ela desaparece nesse quociente. Entretanto, é necessário atentar à escolha desta de acordo com o comportamento experimental em cada caso.

2.4.1 Aplicação do método variacional na mecânica quântica

Suponhamos que é preciso encontrar a energia do estado fundamental de um sistema quântico simples: oscilador harmônico em uma dimensão, cuja hamiltoniana é:

$$H = -\frac{\hbar^2}{2m}\frac{d^2}{dx^2} + \frac{1}{2}mw^2x^2$$

Em caráter operatorial, o primeiro termo é chamado *termo cinético* e depende do momento da partícula, e o segundo é o potencial elástico (se necessitar de explicações detalhadas, recorra a um livro de mecânica quântica). Esse é um excelente método de aproximação, que ocorre por meio de uma função de onda teste; no caso que ora enfocamos, escolheremos uma gaussiana:

$$\Psi(x) = Ae^{bx^2}$$

Essa gaussiana pode ser normalizada da seguinte maneira:

$$\int_{-\infty}^{\infty} \Psi^*\psi \, dx = 1 \to \int_{-\infty}^{\infty} |A|^2 \, e^{-2bx^2} dx = 1$$

Conhecemos as definições de produto escalar e normalização, ambas da álgebra linear. A integração gaussiana é conhecida e nos fornece:

$$|A|^2 \underbrace{\int_{-\infty}^{\infty} e^{-2bx^2} dx}_{\sqrt{\frac{\pi}{2b}}} = 1 \to A = \left(\frac{2b}{\pi}\right)^{1/4}$$

Sabendo que o valor médio da hamiltoniana é dado por:

$$\langle H \rangle = \langle E_c + E_p \rangle$$

calculamos o valor médio das energias cinéticas e potencial:

$$\langle E_c \rangle = \int_{-\infty}^{\infty} \Psi^* E_c \psi \, dx = -\sqrt{\frac{2b}{\pi}} \int_{-\infty}^{\infty} e^{bx^2} \left(\frac{\hbar^2}{2m}\frac{d^2}{dx^2}\left(e^{bx^2}\right)\right) dx = \frac{\hbar^2 b}{2m}$$

$$\langle E_p \rangle = \int_{-\infty}^{\infty} \Psi^* E_c \psi \, dx = \sqrt{\frac{2b}{\pi}} \int_{-\infty}^{\infty} e^{bx^2} \left(\frac{1}{2}mw^2 x^2 e^{bx^2}\right) dx = \frac{m\omega^2}{8b}$$

Obtemos, então, o valor médio da hamiltoniana:

$$\langle H \rangle = \langle E_c \rangle + \langle E_p \rangle = \frac{\hbar^2 b}{2m} + \frac{m\omega^2}{8b}$$

E para o menor valor do parâmetro b, temos:

$$\frac{d}{db}\langle H \rangle = 0 \to b = \frac{m\omega}{2\hbar}$$

Com isso, encontramos o valor mínimo, inserindo esse resultado em:

$$\langle H \rangle_{\text{estado fundamental}} = \frac{1}{2}\hbar\omega$$

Que corresponde ao resultado exato do oscilador harmônico. Nesse caso, chegamos ao resultado com exatidão, mas, em contextos mais complexos, podemos fazer ótimas aproximações, como para o átomo de hélio.

Indicações culturais

Para conhecer mais sobre a teoria de Sturm-Liouville, consulte:

BOYCE, W. E.; DIPRIMA R. C. **Equações diferenciais elementares e problemas de valores de contorno**. 8. ed. Rio de Janeiro: LTC, 1998.

Para conhecer mais sobre o método variacional na mecânica quântica, leia:

GRIFFITHS, D. J. **Mecânica quântica**. 2. ed. New Jersey: Pearson Education, 2004.

2.5 Operadores diferenciais e generalizações curvilíneas

Neste capítulo, estamos tratando sobre diversos operadores diferenciais. Entre todos os operadores existentes, alguns se destacam, como o laplaciano e o d'alembertiano. Precisamos complementar aqui o caso genérico das coordenadas curvilíneas para reescrever tanto os operadores em outros sistemas de coordenadas, como as cilíndricas e as esféricas.

Então, trabalharemos o caso geral de coordenadas curvilíneas, em que um vetor posição é parametrizado por:

$$\vec{r} = \vec{r}(u, v, w)$$

A derivada do vetor posição é um vetor tangente a uma curva u. Isso também ocorre com relação às curvas v e w. Assim, podemos definir os vetores unitários na direção dessas curvas como:

$$\hat{e}_u = \frac{1}{h_u}\frac{\partial \vec{r}}{\partial u}, \quad \hat{e}_v = \frac{1}{h_v}\frac{\partial \vec{r}}{\partial v} \quad e \quad \hat{e}_w = \frac{1}{h_w}\frac{\partial \vec{r}}{\partial w}$$

Sendo os termos multiplicativos definidos por:

$$h_u = \left|\frac{\partial \vec{r}}{\partial u}\right|, \quad h_v = \left|\frac{\partial \vec{r}}{\partial v}\right| \quad e \quad h_w = \left|\frac{\partial \vec{r}}{\partial w}\right|$$

podemos escrever as derivadas em função do elemento de linha, ou seja:

$$\frac{\partial \vec{r}}{\partial u} = \frac{\partial \vec{r}}{\partial s_u}\frac{ds_u}{du} = \hat{e}_u \frac{ds_u}{du}$$

Essa equação pode ser combinada com a definição dos vetores unitários $\hat{e}_i$:

$$h_u \hat{e}_u = \hat{e}_u \frac{ds_u}{du} \rightarrow h_u du \hat{e}_u = ds_u \hat{e}_u$$

Comparando, chegamos à conclusão:

$$ds_u = h_u du$$

Essa equação pode ser generalizada para os outros elementos de linha:

$$ds_v = h_v dv \quad e \quad ds_w = h_w dw$$

Com isso, torna-se possível escrever o gradiente e o operador nabla.

2.5.1 Gradiente e o operador nabla em coordenadas curvilíneas

Agora, faz-se necessário escrever o gradiente e o operador nabla nessa perspectiva. Na literatura, a definição do gradiente costuma ser escrita na forma vetorial como:

$$\vec{\nabla} f \cdot d\vec{r} = df$$

sendo o vetor $\vec{\nabla}$ chamado *nabla* e dado por:

$$\vec{\nabla} = \frac{\partial}{\partial x}\hat{i} + \frac{\partial}{\partial y}\hat{j} + \frac{\partial}{\partial z}\hat{k}$$

Podemos lembrar a definição de um diferencial de uma função de mais variáveis:

$$df = f(\vec{r} - d\vec{r}) - f(\vec{r})$$

Isso é útil nesse contexto de demonstração. O gradiente de uma função é um vetor que indica o sentido e a direção de maior crescimento. É utilizado em diversas situações, como na equação de difusão, no eletromagnetismo e, até mesmo, nas forças conservativas, em que a força pode ser definida como:

$$\vec{F} = -\vec{\nabla} V$$

em que *V* é uma energia potencial de acordo com o modelo estudado.

Para obter o gradiente em termos de coordenadas curvilíneas (u, v, w), precisamos escrever o elemento infinitesimal $d\vec{r}$ em termos de tais coordenadas:

$$d\vec{r} = ds_u\,\hat{e}_u + ds_v\,\hat{e}_v + ds_w\,\hat{e}_w$$

Sabendo que $ds_u = h_u du$, $ds_v = h_v dv$, e $ds_w = h_w dw$, podemos escrever o elemento infinitesimal como:

$$d\vec{r} = h_u du\,\hat{e}_u + h_v dv\,\hat{e}_v + h_w dw\,\hat{e}_w$$

$$d\vec{r} = \left|\frac{\partial \vec{r}}{\partial u}\right| du\,\hat{e}_u + \left|\frac{\partial \vec{r}}{\partial v}\right| dv\,\hat{e}_v + \left|\frac{\partial \vec{r}}{\partial w}\right| dw\,\hat{e}_w$$

Por sua vez, a quantidade df é uma diferencial total e pode ser escrita usando-se a regra da cadeia de forma simplificada:

$$df = \frac{\partial f}{\partial u} du + \frac{\partial f}{\partial v} dv + \frac{\partial f}{\partial w} dw$$

Conhecendo a definição do gradiente $\vec{\nabla} f \cdot d\vec{r} = df$, $d\vec{r}$ e a de df, podemos unir as equações, considerando que o gradiente é escrito em coordenadas gerais como:

$$\vec{\nabla} f = (\nabla_u f)\hat{e}_u + (\nabla_v f)\hat{e}_v + (\nabla_w f)\hat{e}_w$$

Como os vetores são ortogonais entre si, temos:

$$\vec{\nabla} f \cdot d\vec{r} = \left((\nabla_u f)\hat{e}_u + (\nabla_v f)\hat{e}_v + (\nabla_w f)\hat{e}_w\right) \cdot \left(h_u du\,\hat{e}_u + h_v dv\,\hat{e}_v + h_w dw\,\hat{e}_w\right)$$

$$\vec{\nabla} f \cdot d\vec{r} = (\nabla_u f)h_u du + (\nabla_v f)h_v dv + (\nabla_w f)h_w dw$$

Comparando com df, podemos encontrar as componentes $\nabla_u f$, $\nabla_v f$ e $\nabla_w f$:

$$(\nabla_u f)h_u du + (\nabla_v f)h_v dv + (\nabla_w f)h_w dw = \frac{\partial f}{\partial u} du + \frac{\partial f}{\partial v} dv + \frac{\partial f}{\partial w} dw$$

Fazendo a igualdade entre as componentes das diferenciais:

$$\frac{\partial f}{\partial u} = (\nabla_u f) h_u \rightarrow (\nabla_u f) = \frac{1}{h_u}\frac{\partial f}{\partial u}$$

$$\frac{\partial f}{\partial v} = (\nabla_v f) h_v \rightarrow (\nabla_v f) = \frac{1}{h_v}\frac{\partial f}{\partial v}$$

$$\frac{\partial f}{\partial w} = (\nabla_w f) h_w \rightarrow (\nabla_w f) = \frac{1}{h_w}\frac{\partial f}{\partial w}$$

Assim, finalmente podemos escrever o gradiente como:

$$\vec{\nabla} f = \left(\frac{1}{h_u}\frac{\partial f}{\partial u}\right)\hat{e}_u + \left(\frac{1}{h_v}\frac{\partial f}{\partial v}\right)\hat{e}_v + \left(\frac{1}{h_w}\frac{\partial f}{\partial w}\right)\hat{e}_w$$

Este nos proporciona o nabla em coordenadas curvilíneas. Isso será muito útil em todo este livro, assim como o é em diversas áreas da física.

$$\vec{\nabla} = \hat{e}_u\left(\frac{1}{h_u}\frac{\partial}{\partial u}\right) + \hat{e}_v\left(\frac{1}{h_v}\frac{\partial}{\partial v}\right) + \hat{e}_w\left(\frac{1}{h_w}\frac{\partial}{\partial w}\right)$$

Divergente, rotacional e laplaciano

Para finalizar, abordaremos brevemente mais três operadores diferenciais importantes: o divergente, o rotacional e o laplaciano:

- Divergente: produto escalar entre $\vec{\nabla}$ e uma função vetorial $\vec{F}$:

$$\vec{\nabla} \cdot \vec{F}$$

- Rotacional: produto vetorial entre $\vec{\nabla}$ e uma função vetorial $\vec{F}$:

$$\vec{\nabla} \times \vec{F}$$

- Laplaciano: produto escalar entre $\vec{\nabla}$ e ele próprio:

$$\vec{\nabla} \cdot \vec{\nabla} = \nabla^2$$

Para calcular o **divergente**, temos de estabelecer a função vetorial $\vec{F}$ em termos de coordenadas curvilíneas:

$$\vec{F}(u, v, w) = F_u \hat{e}_u + F_v \hat{e}_v + F_w \hat{e}_w$$

Fazendo o produto escalar com nabla, obtemos o divergente:

$$\vec{\nabla} \cdot \vec{F} = \left[\hat{e}_u \left(\frac{1}{h_u} \frac{\partial}{\partial u} \right) + \hat{e}_v \left(\frac{1}{h_v} \frac{\partial}{\partial v} \right) + \hat{e}_w \left(\frac{1}{h_w} \frac{\partial}{\partial w} \right) \right] \cdot \left[F_u \hat{e}_u + F_v \hat{e}_v + F_w \hat{e}_w \right]$$

Eis que surge um problema: cada derivada parcial atuará nos termos da função vetorial completamente. Para isso, calcularemos cada termo separadamente. Começaremos com o primeiro exemplo, em que um operador atua em um termo com o mesmo vetor canônico $\hat{e}_u$:

$$\hat{e}_u \cdot \left(\frac{1}{h_u} \frac{\partial (F_u \hat{e}_u)}{\partial u} \right) = \frac{\hat{e}_u}{h_u} \cdot \left(F_u \frac{\partial (\hat{e}_u)}{\partial u} + \hat{e}_u \frac{\partial (F_u)}{\partial u} \right) =$$

$$= \frac{F_u}{h_u} \hat{e}_u \cdot \frac{\partial (\hat{e}_u)}{\partial u} + \frac{\overbrace{(\hat{e}_u \cdot \hat{e}_u)}^{1}}{h_u} \frac{\partial F_u}{\partial u}$$

O primeiro termo é nulo, por causa da regra do produto, que é uma derivada de constante:

$$\frac{\partial \overbrace{(\hat{e}_u \cdot \hat{e}_u)}^{1}}{\partial u} = \frac{1}{2} \hat{e}_u \cdot \frac{\partial (\hat{e}_u)}{\partial u} = 0$$

Teremos, então:

$$\hat{e}_u \cdot \left(\frac{1}{h_u} \frac{\partial (F_u \hat{e}_u)}{\partial u} \right) = \frac{1}{h_u} \frac{\partial F_u}{\partial u}$$

Agora, é necessário proceder ao segundo termo, que pode ser estendido para todos os termos em que existe uma diferença entre vetores canônicos ortogonais (logo, de produto escalar nulo):

$$\hat{e}_v \cdot \left(\frac{1}{h_v} \frac{\partial (F_u \hat{e}_u)}{\partial v} \right) = \frac{\hat{e}_v}{h_v} \cdot \left(F_u \frac{\partial (\hat{e}_u)}{\partial v} + \hat{e}_u \frac{\partial (F_u)}{\partial v} \right) =$$

$$= \frac{F_u}{h_u} \hat{e}_v \cdot \frac{\partial (\hat{e}_u)}{\partial v} + \frac{\overbrace{(\hat{e}_u \cdot \hat{e}_u)}^{0}}{h_u} \frac{\partial F_u}{\partial v}$$

Aqui, precisaremos da definição de $\hat{e}_u$ para continuar os cálculos:

$$\hat{e}_v \cdot \left(\frac{1}{h_v} \frac{\partial (F_u \hat{e}_u)}{\partial v} \right) = \frac{F_u}{h_u} \hat{e}_v \cdot \frac{\partial}{\partial v} \left(\frac{1}{h_u} \frac{\partial \vec{r}}{\partial u} \right) = \frac{F_u}{h_u} \hat{e}_v \cdot \left(\frac{\partial}{\partial v} \left(\frac{1}{h_u} \right) \underbrace{\frac{\partial \vec{r}}{\partial u}}_{h_u \hat{e}_u} + \frac{1}{h_u} \frac{\partial^2 \vec{r}}{\partial v \partial u} \right)$$

Prosseguindo, faremos o produto escalar, que é associativo, e reescreveremos o termo com a segunda derivada apropriadamente:

$$\hat{e}_v \cdot \left(\frac{1}{h_v} \frac{\partial (F_u \hat{e}_u)}{\partial v} \right) = \frac{F_u h_u}{h_v} \overbrace{\hat{e}_v \cdot \hat{e}_u}^{0} \frac{\partial}{\partial v} \left(\frac{1}{h_u} \right) + \frac{F_u}{h_u h_v} \hat{e}_v \cdot \frac{\partial}{\partial u} \left(\underbrace{\frac{\partial \vec{r}}{\partial v}}_{h_v \hat{e}_v} \right)$$

Sabendo que $\hat{e}_u \cdot \dfrac{\partial (\hat{e}_u)}{\partial u} = 0$, temos:

$$\hat{e}_v \cdot \left(\frac{1}{h_v} \frac{\partial (F_u \hat{e}_u)}{\partial v} \right) = \frac{F_u}{h_u h_v} \hat{e}_v \cdot \frac{\partial}{\partial u} (h_v \hat{e}_v) = \frac{F_u}{h_u h_v} \frac{\partial h_v}{\partial u}$$

O outro termo é análogo a esse, pois estamos lidando com vetores canônicos diferentes. Assim, podemos escrever um trecho da expressão:

$$\vec{\nabla} \cdot (F_u \hat{e}_u) = \frac{1}{h_u} \frac{\partial F_u}{\partial u} + \frac{F_u}{h_u h_v} \frac{\partial h_v}{\partial u} + \frac{F_u}{h_u h_w} \frac{\partial h_w}{\partial u}$$

Que pode ser visto de forma compacta como uma regra do produto para três funções multiplicadas:

$$\vec{\nabla} \cdot (F_u \hat{e}_u) = \frac{1}{h_u h_v h_w} \frac{\partial (F_u h_v h_w)}{\partial u}$$

Considerando a forma da equação anterior, é possível generalizar para os dois termos da equação:

$$\vec{\nabla} \cdot (F_v \hat{e}_v) = \frac{1}{h_u h_v h_w} \frac{\partial (F_v h_u h_w)}{\partial v}, \quad \vec{\nabla} \cdot (F_w \hat{e}_w) = \frac{1}{h_u h_v h_w} \frac{\partial (F_w h_u h_v)}{\partial w}$$

Finalmente, chegamos ao divergente em coordenadas curvilíneas:

$$\vec{\nabla} \cdot \vec{F} = \frac{1}{h_u h_v h_w} \left[\frac{\partial (F_u h_v h_w)}{\partial u} + \frac{\partial (F_v h_u h_w)}{\partial v} + \frac{\partial (F_w h_u h_v)}{\partial w} \right]$$

Para o rotacional, que consiste em um caso mais complexo, indicamos na forma matricial com o determinante:

$$\vec{\nabla} \times \vec{F} = \det \begin{vmatrix} \hat{e}_u & \hat{e}_v & \hat{e}_w \\ \frac{1}{h_u} \frac{\partial}{\partial u} & \frac{1}{h_v} \frac{\partial}{\partial v} & \frac{1}{h_w} \frac{\partial}{\partial w} \\ F_u & F_v & F_w \end{vmatrix}$$

Procedendo da mesma maneira que no caso do divergente, temos:

$$\vec{\nabla} \times \vec{F} = \frac{1}{h_v h_w}\left(\frac{\partial(h_w F_w)}{\partial v} - \frac{\partial(h_w F_w)}{\partial w}\right)\hat{e}_u + \frac{1}{h_u h_w}\left(\frac{\partial(h_u F_u)}{\partial w} - \frac{\partial(h_w F_w)}{\partial u}\right)\hat{e}_v +$$

$$+ \frac{1}{h_u h_v}\left(\frac{\partial(h_v F_v)}{\partial u} - \frac{\partial(h_u F_u)}{\partial v}\right)\hat{e}_w$$

E o laplaciano:

$$\nabla^2 = \left[\hat{e}_u\left(\frac{1}{h_u}\frac{\partial}{\partial u}\right) + \hat{e}_v\left(\frac{1}{h_v}\frac{\partial}{\partial v}\right) + \hat{e}_w\left(\frac{1}{h_w}\frac{\partial}{\partial w}\right)\right] \cdot$$

$$\cdot \left[\hat{e}_u\left(\frac{1}{h_u}\frac{\partial}{\partial u}\right) + \hat{e}_v\left(\frac{1}{h_v}\frac{\partial}{\partial v}\right) + \hat{e}_w\left(\frac{1}{h_w}\frac{\partial}{\partial w}\right)\right]$$

escrito como:

$$\nabla^2 = \frac{1}{h_u h_v h_w}\left\{\frac{\partial}{\partial u}\left(\frac{h_v h_w}{h_u}\frac{\partial}{\partial u}\right) + \frac{\partial}{\partial v}\left(\frac{h_u h_w}{h_v}\frac{\partial}{\partial v}\right) + \frac{\partial}{\partial w}\left(\frac{h_v h_u}{h_w}\frac{\partial}{\partial w}\right)\right\}$$

O laplaciano e o rotacional são calculados de forma semelhante. Deixamos a você o convite para realizar esse cálculo, que envolve:

- regra do produto da derivada;
- comutatividade na derivada parcial, ou seja $\frac{\partial^2}{\partial u \partial v} = \frac{\partial^2}{\partial v \partial u}$;
- produtos escalares $\hat{e}_i \cdot \hat{e}_j = \delta_{ij}$;
- relação $\hat{e}_u \cdot \frac{\partial(\hat{e}_u)}{\partial u} = 0$.

Tais cálculos são recorrentes quando o operador nabla surge em um contexto curvilíneo, como em coordenadas polares, cilíndricas e esféricas. Aliás, algumas funções especiais surgem em decorrência da forma desse operador.

Exemplificando

Para clarificar o caso das coordenadas curvilíneas, trabalhemos com as coordenadas cilíndricas. Podemos escrever o vetor posição $\vec{r}$ e as coordenadas cilíndricas como:

$$\vec{r} = x\hat{i} + y\hat{j} + z\hat{k} = (\rho\cos\theta)\hat{i} + (\rho\sen\theta)\hat{j} + z\hat{k}$$

De acordo com as definições, temos:

$$h_\rho = \left|\frac{\partial \vec{r}}{\partial \rho}\right| = \left|\cos\theta\hat{i} + \sen\theta\hat{j}\right| = 1$$

$$h_\theta = \left|\frac{\partial \vec{r}}{\partial \theta}\right| = \left|-\rho\sen\theta\hat{i} + \rho\cos\theta\hat{j}\right| = \rho$$

$$h_z = \left|\frac{\partial \vec{r}}{\partial z}\right| = 1$$

É possível usar os resultados obtidos para escrever os operadores neste sistema de coordenadas, sabendo-se que:

$$f = f(\rho, \theta, z) \text{ e } \vec{F} = F_\rho \hat{e}_\rho + F_\theta \hat{e}_\theta + F_z \hat{k}$$

- Gradiente:

$$\vec{\nabla} f = \frac{\partial f}{\partial \rho}\hat{e}_\rho + \frac{1}{\rho}\frac{\partial f}{\partial \theta}\hat{e}_\theta + \frac{\partial f}{\partial z}\hat{k}$$

- Divergente:

$$\vec{\nabla} \cdot \vec{F} = \frac{1}{\rho}\frac{\partial(\rho F_\rho)}{\partial \rho} + \frac{1}{\rho}\frac{\partial(F_\theta)}{\partial \theta} + \frac{1}{\rho}\frac{\partial(\rho F_\rho)}{\partial \rho}$$

- Rotacional:

$$\vec{\nabla} \times \vec{F} = \left(\frac{1}{\rho}\frac{\partial F_z}{\partial \theta} - \frac{\partial F_\theta}{\partial z}\right)\hat{e}_\rho + \left(\frac{\partial F_\rho}{\partial z} - \frac{\partial F_z}{\partial \rho}\right)\hat{e}_\theta + \frac{1}{\rho}\left(\frac{\partial(\rho F_\theta)}{\partial \rho} - \frac{\partial F_\rho}{\partial \theta}\right)\hat{k}$$

- Laplaciano:

$$\nabla^2 = \frac{1}{\rho}\frac{\partial}{\partial \rho}\left(\rho \frac{\partial}{\partial \rho}\right) + \frac{1}{\rho^2}\frac{\partial^2}{\partial \theta^2} + \frac{\partial^2}{\partial z^2}$$

Síntese

Neste capítulo, fizemos um apanhado geral teoria de Sturm-Liouville, evidenciando os aspectos da álgebra linear em espaços vetoriais de funções e operadores diferenciais lineares. Estudamos, também, os operadores hermitianos e os problemas de autovalor de EDOs. Finalizamos essa temática apresentando o método de variação utilizado largamente em regimes semiclássicos e na mecânica quântica. Por fim, analisamos alguns operadores diferenciais em coordenadas curvilíneas, os quais serão importantes tanto na análise de Sturm--Liouville quanto na construção de funções especiais, como as funções de Bessel e os polinômios de Legendre. Operadores diferenciais como os que tratamos neste capítulo são utilizados em todas as áreas da física, e é bastante provável que você já os tenha visto no eletromagnetismo e na mecânica dos fluidos.

Atividades de autoavaliação

1) A equação das ondas estacionárias de uma corda vibrante é dada por:

$$\frac{d^2}{dx^2}\psi + k^2\psi = 0$$

em que ψ é a amplitude de deslocamento da corda, de forma transversa em determinado ponto x, e k é um parâmetro associado ao sistema.

a) Considerando essa corda fixada em $x = 0$ e $x = L$, verifique que $\psi_n = A\mathrm{sen}\left(\dfrac{n\pi x}{L}\right)$ é solução dessa equação para $k^2 = \left(\dfrac{n\pi}{L}\right)^2$ para n 1, 2 ...

b) Considerando o produto escalar:

$$\int_0^L \psi_n(x)\psi_n(x)dx = 1$$

encontre a constante A em termos do tamanho da corda L.

2) Foi detectada uma partícula que obedece à função de onda espacial entre $[0, \infty]$:

$$\psi(x) = 2\kappa^{\frac{3}{2}} x e^{-\kappa x}$$

Identifique os valores $\left\langle \dfrac{1}{x} \right\rangle = \kappa$ e $\left\langle \dfrac{d^2}{dx^2} \right\rangle = -\kappa^2$ e estime usando o método de variação para encontrar o valor mínimo esperado de

$$\left\langle \psi \left| -\frac{1}{2}\frac{d^2}{dx^2} - \frac{1}{x} \right| \psi \right\rangle$$

3) A EDO de Legendre é dada por:

$$\frac{d}{dx}\left[(1-x^2)\frac{d}{dx}P_n(x)\right] + n(n+1)P_n(x)$$

Assinale a alternativa a seguir que contém a solução da equação:

a) x^3

b) $\frac{1}{2}(3x^3 + 3)$

c) $5x^3 - 5x$

d) $\frac{1}{2}(5x^3 - 1)$

e) Nenhuma das alternativas.

4) Os polinômios de Legendre são gerados pela fórmula de Rodrigues:

$$P_n(x) = \frac{1}{2^n n!}\frac{d^n}{dx^n}(x^2 - 1)^n$$

Assinale o terceiro polinômio de Legendre $P_3(x)$:

a) $\frac{1}{2}(5x^3 - 3x^2)$

b) $\frac{1}{2}(x^3 - x^2)$

c) $\frac{1}{2}(5x^3 - 3x)$

d) $\frac{1}{4}(5x^3 - 3x)$

e) $\frac{1}{2}(3x^2 - 1)$

5) Um dos sistemas de coordenadas mais utilizado na física é o esférico, dado por:

$$\begin{cases} x = \rho\cos\theta\,\text{sen}\varphi \\ y = \rho\,\text{sen}\theta\,\text{sen}\varphi \\ z = \rho\cos\varphi \end{cases}, \; \vec{r} = \rho\cos\theta\,\text{sen}\varphi\,\hat{i} + \rho\,\text{sen}\theta\,\text{sen}\varphi\,\hat{j} + \rho\cos\varphi\,\hat{k}$$

Usando as coordenadas esféricas para representar um problema, precisamos encontrar

$$h_\rho = \left|\frac{\partial \vec{r}}{\partial \rho}\right|, \; h_\theta = \left|\frac{\partial \vec{r}}{\partial \theta}\right| \; \text{e} \; h_\varphi = \left|\frac{\partial \vec{r}}{\partial \varphi}\right|,$$

que são dados por:

a) $h_\rho = \rho$, $h_\theta = \rho$ e $h_\varphi = \rho$.

b) $h_\rho = 1$, $h_\theta = \rho\,\text{sen}\theta$ e $h_\varphi = \rho\,\text{sen}\theta$.

c) $h_\rho = \rho$, $h_\theta = 1$ e $h_\varphi = \rho\,\text{sen}\theta$.

d) $h_\rho = 1$, $h_\theta = \rho$ e $h_\varphi = \rho\,\text{sen}\theta$.

e) $h_\rho = 0$, $h_\theta = \rho\,\text{sen}\theta$ e $h_\varphi = \rho\,\text{sen}\theta$.

Atividades de aprendizagem

Questões para reflexão

1) Uma das simetrias utilizadas na física é a paridade, que constitui uma invariância (ou não) sob a inversão do sistema de coordenada. No sistema cartesiano, mudamos de (x, y, z) → (−x, −y, −z). Como isso se daria em coordenadas esféricas?

$$\begin{cases} x = \rho\cos\theta\,\text{sen}\varphi \\ y = \rho\,\text{sen}\theta\,\text{sen}\varphi \\ z = \rho\cos\varphi \end{cases}$$

2) Resumindo de forma prática a teoria de Sturm--Liouville: trata-se de uma equação diferencial comumente usada na física-matemática para descrever a evolução de sistemas físicos que têm propriedades interessantes. Uma das aplicações mais importantes dessa equação é na teoria de vibrações mecânicas, em que descreve o movimento de um sistema que vibra em torno de uma posição de equilíbrio. Sobre o exposto, reflita: De que modo a teoria dos espaços vetoriais pode ser aplicada à resolução de equações de Sturm-Liouville e como isso é importante para a compreensão da física das vibrações mecânicas?

Atividade aplicada: prática

1) Elabore um questionário com todas as perguntas fundamentais sobre os conceitos apresentados da teoria de Sturm-Liouville e dos operadores. Além disso, faça uma pesquisa nos mecanismos de busca acadêmica acerca dos operadores de Sturm-Liouville e liste os artigos atuais que versam sobre essa área (tanto em português como em inglês).

Funções e variáveis complexas e método da função de Green

3

Neste capítulo, estudaremos as funções, as variáveis complexas e o método da função de Green. Começaremos analisando as funções e as variáveis complexas e, em seguida, passaremos a discorrer sobre as condições de Cauchy-Riemann. Na sequência, abordaremos o teorema e a fórmula integral de Cauchy, a expansão de Laurent, bem como as singularidades e o cálculo de resíduos, que constituem ferramentas fundamentais para o físico de forma geral – não apenas a física teórica, mas também a aplicada e a experimental. Ao final, apresentaremos um método muito utilizado para a solução de problemas de equações diferenciais: o método das funções de Green para problemas em uma, duas e três dimensões.

Possivelmente, você já estudou o número complexo no eletromagnetismo. Neste capítulo, demonstraremos como é importante promover essa análise complexa e o quanto ela auxilia no cálculo diferencial. Além disso, como motivação para seu estudo, evidenciaremos a importância da integral complexa no método das funções de Green.

As funções de Green são basilares para o físico teórico, pois estão presentes na física de partículas e campos, na matéria condensada e em diversas disciplinas contemporâneas da física. Isso significa que elas são de extrema relevância para o entendimento dinâmico de diversos campos e excitações. Por isso, esse conteúdo será inserido justamente em um contexto de análise complexa, pois, na maioria dos casos em que tal método é utilizado, a integração complexa também deve sê-lo.

3.1 Funções e variáveis complexas e condições de Cauchy-Riemann

Antes de estabelecermos as funções complexas e as condições de Cauchy-Riemann, temos de retomar brevemente os números complexos. Um número complexo é um número escrito como um par ordenado da seguinte forma:

$$z = x + iy$$

em que *x* e *y* são números reais e *i* é denominado *unidade imaginária*, definido por $i^2 = -1$. Também podemos definir um par ordenado como se faz no $\mathbb{R}^2$, como z = (x, y), uma vez que diversos livros que tratam da análise complexa adotam essa forma. No entanto, frisamos que a ordem dos fatores é significativa.

É interessante definir a soma e a multiplicação por escalar e a multiplicação simples de dois números complexos:

- Soma:

$$z_1 + z_2 = \left(x_1 + iy_1\right) + \left(x_2 + iy_2\right) = \left(x_1 + x_2\right) + i\left(y_1 + y_2\right)$$

- Multiplicação por escalar:

$$kz = k\left(x + iy\right) = \left(kx\right) + i\left(ky\right)$$

- Multiplicação dos números complexos:

$$z_1 z_2 = (x_1 + iy_1)(x_2 + iy_2) = x_1 x_2 + i x_1 y_2 + i x_2 y_1 - y_1 y_2$$
$$z_1 z_2 = (x_1 x_2 - y_1 y_2) + i(x_1 y_2 + x_2 y_1)$$

O conjunto dos números complexos é denotado por $\mathbb{C}$ e contém o conjunto dos reais, sendo um corpo algebricamente fechado e isomorfo a $\mathbb{R}^2$. Para estabelecer o produto interno, devemos retomar o complexo conjugado, já abordado em capítulos anteriores, que consiste em uma operação que altera o sinal da parte imaginária, conforme segue:

$$z^* = x - iy$$

Desse modo, definimos o produto interno como:

$$z_1^* z_2 = (x_1 + iy_1)(x_2 - iy_2) = (x_1 x_2 + y_1 y_2) + i(x_2 y_1 - x_1 y_2)$$

Tal número, para o cálculo da norma complexa, só tem a parte real, isto é:

$$z^* z = x^2 + y^2$$

Com relação ao isomorfismo com $\mathbb{R}^2$, relembraremos o diagrama de Argand (chamado de *plano complexo*), formado como um plano cartesiano no qual a abscissa é a parte real, e a ordenada, a imaginária (Figura 3.1):

Figura 3.1 – Diagrama de Argand

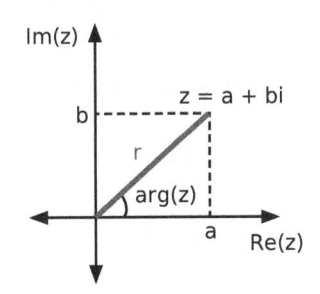

$$\text{Im}(z), \ z = a+bi, \ b, \ r, \ \arg(z), \ a, \ \text{Re}(z)$$

❓ O que é

Isomorfismo

Duas estruturas matemáticas são chamadas de *isomorfas* se existe um mapeamento bijetivo entre elas.

No caso específico dos reais e complexos, recorremos a um teorema segundo o qual dois espaços são isomorfos se a dimensão deles é a mesma.

Também é possível retomar a representação polar:

$$z = re^{i\theta}$$

Em que $r = |z| = \sqrt{z^*z} = \sqrt{x^2+y^2}$ é chamado de *módulo* (ou *raio polar*); e θ, de *ângulo polar* ou *argumento de z*, $\theta = \text{arctg}(y/x)$. Ainda, é necessário recorrer à fórmula de Euler:

$$e^{i\theta} = \cos\theta + i\,\text{sen}\,\theta$$

que permite provar o teorema de Moivre:

$$z^n = (re^{i\theta})^n = r^n e^{i(n\theta)} = r^n\left(\cos(n\theta) + i\,\text{sen}(n\theta)\right)$$

3.1.1 Derivada de uma função complexa

Tendo estabelecido os números complexos, definiremos, agora, a derivada de uma função complexa como:

$$f'(z) = \lim_{\Delta z \to 0} \left[\frac{f(z + \Delta z) - f(z)}{\Delta z} \right]$$

em que $\Delta z = \Delta x + i\Delta y$. Se a função complexa assume a forma:

$$f(z) = u(x, y) + iv(x, y)$$

podemos reescrever a definição de derivada da seguinte maneira:

$$f'(z) = \lim_{\Delta x, \Delta y \to 0} \left[\frac{\overbrace{(u(x + \Delta x, y + \Delta y) + iv(x + \Delta x, y + \Delta y))}^{f(z+\Delta z)} - \overbrace{(u(x, y) + iv(x, y))}^{f(z)}}{\Delta x + i\Delta y} \right]$$

Considerando $\Delta z = \Delta x$:

$$f'(z) = \lim_{\Delta x \to 0} \left[\frac{u(x + \Delta x, y) - u(x, y)}{\Delta x} + i\frac{v(x + \Delta x, y) - v(x, y)}{\Delta x} \right]$$

$$= \frac{\partial u(x, y)}{\partial x} + i\frac{\partial v(x, y)}{\partial x}$$

e $\Delta z = \Delta y$:

$$f'(z) = \lim_{\Delta x \to 0} \left[\frac{u(x, y + \Delta y) - u(x, y)}{i\Delta y} + i\frac{v(x, y + \Delta y) - v(x, y)}{i\Delta y} \right]$$

$$= -i\frac{\partial u(x, y)}{\partial y} + \frac{\partial v(x, y)}{\partial y}$$

Para que a função f(z) seja analítica, as equações devem ser iguais:

$$\frac{\partial u}{\partial x} = \frac{\partial v}{\partial y} \text{ e } \frac{\partial v}{\partial x} = -\frac{\partial u}{\partial y}$$

Essas são as chamadas *condições de Cauchy--Riemann*. Além disso, é importante verificar a relação entre tais condições e a equação de Laplace, que é estudada no eletromagnetismo. Derivando ambos os lados em relação a x, temos:

$$\frac{\partial}{\partial x}\left(\frac{\partial u}{\partial x}\right) = \frac{\partial}{\partial x}\left(\frac{\partial v}{\partial y}\right) \rightarrow \frac{\partial^2 u}{\partial x^2} = \frac{\partial}{\partial y}\overbrace{\left(\frac{\partial v}{\partial x}\right)}^{-\frac{\partial u}{\partial y}}$$

$$\frac{\partial^2 u}{\partial x^2} + \frac{\partial^2 u}{\partial y^2} = 0$$

Essa equação é chamada *equação de Laplace*. O mesmo procedimento pode ser adotado para a função v(x, y), e ambas são soluções da equação de Laplace em duas dimensões.

? O que é

Função analítica (ou regular)
Função simplesmente valorada e diferenciável em todos os pontos de $\mathbb{R}$.

Função holomorfa é outro nome dado à função analítica em determinada região, no contexto da análise complexa.

Para finalizar a abordagem das derivadas nesse contexto, salientamos que todas as regras de derivação do cálculo também são aplicáveis aqui, a exemplo das regras do produto e do quociente. Contudo, a diferença significativa está nas condições de Cauchy-Riemann, que criam um critério para saber se uma função complexa é holomorfa. Assim, a forma da derivada é dada por:

$$\frac{df(z)}{dz} = \frac{\partial u}{\partial x} + \frac{\partial v}{\partial x} = \frac{\partial v}{\partial y} - i\frac{\partial u}{\partial y}$$

Exemplificando

1. Seja $f(z) = z^2$. Como sabemos que $z = x + iy$:

$$f(x, y) = (x + iy)^2 = x^2 - y^2 + 2ixy = u(x, y) + iv(x, y)$$

podemos identificar os termos como:

$$u(x, y) = x^2 - y^2 \qquad v(x, y) = 2xy$$

2. Sendo os componentes real e imaginário de $f(x, y)$, podemos usar as condições de Cauchy-Riemann:

$$\frac{\partial u}{\partial x} = \frac{\partial v}{\partial y} = 2x, \quad \frac{\partial u}{\partial y} = -\frac{\partial v}{\partial x} = -2y$$

Isso satisfaz às condições de Cauchy-Riemann por todo o plano complexo, sendo uma função inteira, o que não ocorre com a função $f(z) = z^*$, pois suas derivadas são:

$$\frac{\partial u}{\partial x} = 1, \frac{\partial v}{\partial y} = -1$$

As derivadas são diferentes, porque a função f(x, y) é descrita como:

$$f(x,y) = x - iy = u(x,y) + iv(x,y)$$

3.2 Teorema e fórmula integral de Cauchy

A integração passa pela mesma construção que o cálculo diferencial e integral com variáveis reais. Uma integral de uma função complexa ao longo de um caminho qualquer no plano complexo pode ser construída ao modo de Riemann: dividindo em *n* intervalos e escolhendo n − 1 pontos intermediários. Então, com base na soma da área de retângulos:

$$A_n = \sum_{i=1}^{n} f(z_j)(z_j - z_{j-1})$$

em que *n* corresponde ao número de retângulos escritos abaixo da curva f(z). Tomando o limite para n → ∞, temos:

$$\lim_{n \to \infty} \sum_{i=1}^{n} f(z_j)(z_j - z_{j-1}) = \int_{z_0}^{z_n} f(z)dz$$

Figura 3.2 – Soma de Riemann

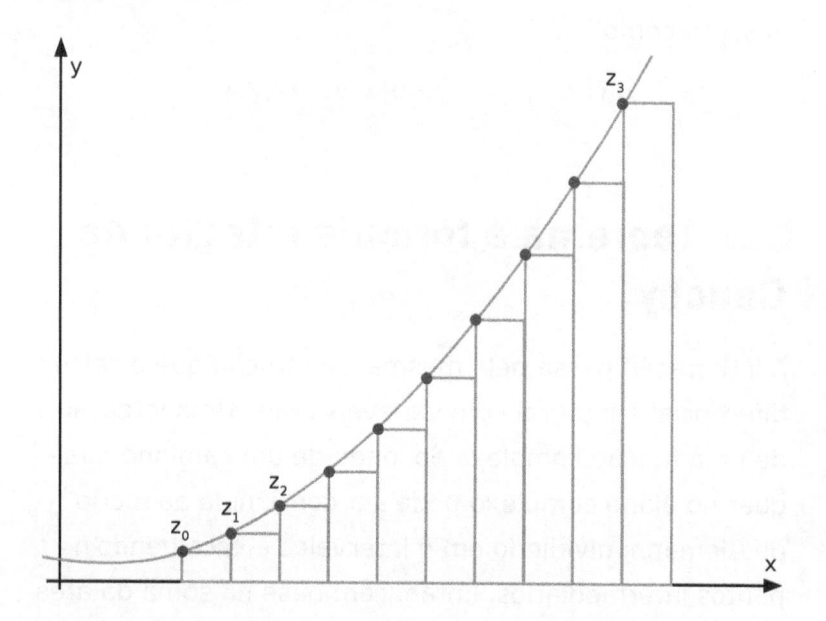

Escrevendo a função $f(z) = u(x, y) + iv(x, y)$ com $dz = dx + idy$, para um intervalo entre z_1 e z_2:

$$\int_{z_1}^{z_2} f(z)dz = \int_{z_1}^{z_2} \big(u(x,y) + iv(x,y)\big)\big(dx + idy\big)$$

$$\int_{z_1}^{z_2} f(z)dz = \int_{x_1,y_1}^{x_2,y_2} \big[u(x,y)dx - v(x,y)dy\big] + i\int_{x_1,y_1}^{x_2,y_2} \big[v(x,y)dx + u(x,y)dy\big]$$

De fato, ela funciona como uma integração pura e simples. No entanto, em diversas situações, o interesse é lidar com integrais em contornos fechados. Para isso, faz--se necessário delimitar alguns conceitos, a saber:

- **Contorno fechado**: uma curva na qual o ponto de saída é o mesmo que o ponto de chegada.

- **Região simplesmente conexa**: quando uma curva dentro dessa região pode ser transformada continuamente em um ponto dentro da mesma região. Em termos geométricos, trata-se de uma região que não tem buracos. Uma região que não é simplesmente conexa é denominada *multiplamente conexa*.

Figura 3.3 – Tipos de regiões e contornos

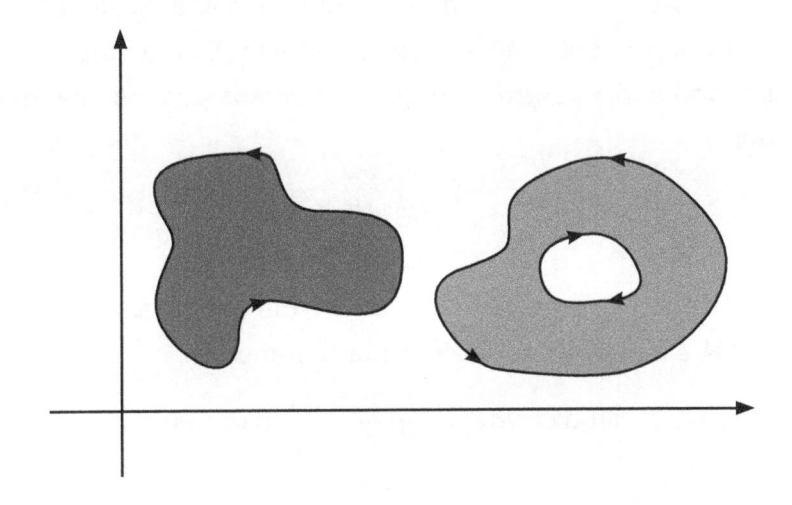

Diante do exposto, podemos enunciar o teorema integral de Cauchy: a integral de uma função analítica f(z) feita é simplesmente conexa (no plano complexo), e C representa um contorno fechado dentro dessa região nula, ou seja:

$$\oint_C f(z)dz = 0$$

Isso pode ser provado pelo teorema de Stokes da seguinte forma:

$$\oint_C f(z)dz = \oint_C (u+iv)(dx+idy) = \oint_C (udx-vdy) + i\oint_C (vdx+udy)$$

❓ O que é

Teorema de Stokes

O teorema de Stokes definido em um plano faz uma equivalência entre um contorno fechado ∂C com uma integral dupla dentro da região delimitada C, sendo dado por:

$$\int_{\partial C} Pdx + Qdy = \iint_C \left(\frac{\partial Q}{\partial x} - \frac{\partial P}{\partial y}\right) dxdy$$

Usando as condições de Cauchy-Riemann e sabendo que A é a área da curva fechada C, temos:

$$\oint_C (udx - vdy) = -\iint_A \left(\frac{\partial v}{\partial x} - \frac{\partial u}{\partial y}\right) dxdy = 0$$

$$i\oint_C (vdx + udy) = i\iint_A \left(\frac{\partial u}{\partial x} - \frac{\partial v}{\partial y}\right) dxdy = 0$$

Isso prova o teorema, independentemente do caminho. Todavia, estamos lidando com funções holomorfas, isto é, sem singularidades.

O que é

Singularidade

Os pontos em uma função dita não analítica são chamados de *singularidades*. A singularidade é um ponto no qual dado objeto matemático não é definido.

Para isso, existe a fórmula integral de Cauchy:

$$\oint_C \frac{f(z)}{(z-z_0)} dz = 2\pi i f(z_0)$$

Para *f(z)* holomorfa e formando com z_0 um ponto no interior do contorno C, se esse ponto estiver fora da região, a integral será nula. Sintetizando:

$$\int_C \frac{f(z)}{(z-z_0)} dz = \begin{cases} 2\pi i f(z_0), & z_0 \text{ dentro do contorno} \\ 0, & z_0 \text{ fora do contorno} \end{cases}$$

Esse não é um cálculo impossível. Diante disso, faremos uma expansão em torno da singularidade, em uma região que a contém:

$$f(z) = \sum_n a_n (z-b)^n$$

Figura 3.4 – Região com singularidade em z = b, com contorno externo γ e interno de raio R

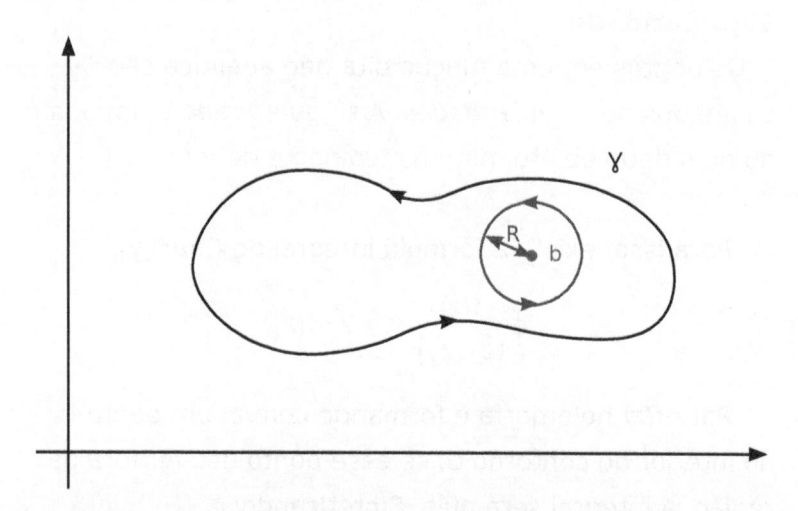

Podemos integrar essa série com uma circunferência de raio R que contém a singularidade b:

$$\oint_{|z-b|=R} f(z)dz = \sum_n a_n \oint_{|z-b|=R} (z-b)^n dz$$

Parametrizando com o auxílio da forma de Moivre, $z - b = Re^{i\theta}$, com $0 \leq \theta \leq 2\pi$, podemos reescrever a integral, omitindo todos os termos do somatório:

$$\oint_{|z-b|=R} (z-b)^n dz = \int_0^{2\pi} \left(Re^{i\theta}\right)^n \underbrace{Rie^{i\theta}d\theta}_{dz} = \int_0^{2\pi} R^{n+1} ie^{i(n+1)\theta} d\theta$$

Aqui, chegamos a dois casos: para n = –1, temos a integral com valor não nulo, dado por:

$$\int_0^{2\pi} id\theta = 2\pi i$$

E para os outros casos:

$$\int_0^{2\pi} R^{n+1} i e^{i(n+1)\theta} d\theta = iR^{n+1} \left. \frac{e^{(n+1)i\theta}}{i(n+1)} \right|_0^{2\pi} = \frac{R^{n+1}}{n+1}\left(\underbrace{e^{(n+1)i2\pi}}_{1} - e^0\right) = 0$$

Então, obtemos todos os termos que acompanham a_n, com $n \neq -1$ sendo zero, ou seja:

$$\sum_n a_n \oint_{|z-b|=R} (z-b)^n dz = 2\pi i a_{-1}$$

Esse resultado nos será útil quando abordarmos o teorema dos resíduos. Além disso, ele providencia a seguinte integral:

$$\oint_C (z-z_0)^n dz = \begin{cases} 2\pi i, & \text{sen} = -1 \\ 0, & \text{sen} \neq -1 \end{cases}$$

Agora, propomos a você, leitor, realizar o mesmo procedimento com a integral com a função holomorfa na região $f(z)$:

$$\oint_C \frac{f(z)}{(z-z_0)} dz = \int_0^{2\pi} \frac{f(z_0 + Re^{i\theta})}{(Re^{i\theta})} ir Re^{i\theta} d\theta$$

No limite para o raio muito pequeno, temos:

$$\oint_C \frac{f(z)}{(z-z_0)} dz = if(z_0) \int_0^{2\pi} d\theta = 2\pi i f(z_0)$$

Por fim, ressaltamos que, para qualquer geometria que contenha a singularidade, o resultado será o mesmo. Sendo assim, para uma geometria que não contenha a singularidade, basta imaginar uma região de acordo com a Figura 3.4, com um contorno γ menos o contorno circular, com a integral sendo nula.

Exemplificando

Considere a integral a seguir, com integração dentro de um círculo unitário no sentido anti-horário:

$$\oint_{C_1} \frac{1}{z(z-3)} dz$$

Existem dois resíduos, mas somente o fator $\frac{1}{z-3}$ é analítico dentro do círculo unitário. Sendo $f(z) = \frac{1}{z-3}$ e $z_0 = 0$, o valor da integral é:

$$\oint_C \frac{\frac{1}{z-3}}{z} dz = 2\pi i \left\{ \frac{1}{z-3} \right\}_{z=0} = 2\pi i \left(\frac{1}{-3} \right) = -\frac{2\pi i}{3}$$

Já considerando a região C_2 um círculo $|z| = 5$, teremos de reescrever o integrando em frações parciais:

$$\oint_{C_2} \frac{1}{z(z-3)} dz = -\oint_{C_2} \frac{1}{3z} dz + \oint_{C_2} \frac{1}{3(z-3s)} dz$$

Cada integral apresenta resíduo dentro da região. Assim:

$$\oint_{C_2} \frac{1}{z(z-3)} dz = \underbrace{\oint_{C_2} \frac{-1}{3z} dz}_{2\pi i \left(-\frac{1}{3}\right)} + \underbrace{\oint_{C_2} \frac{1}{3(z-3)} dz}_{2\pi i \left(\frac{1}{3}\right)} = 0$$

Logo, a integral é nula nesse contorno.

A fórmula integral de Cauchy também pode ser usada para obter a derivada de uma função $f(z)$, conforme segue:

$$f(z_0) = \frac{1}{2\pi i} \oint_C \frac{f(z)}{(z-z_0)} dz$$

Derivando em relação a z:

$$\left.\frac{df}{dz}\right|_{z=z_0} = \frac{1}{2\pi i} \oint_C \frac{f(z)}{(z-z_0)^2} dz$$

Derivando novamente, obtemos:

$$\left.\frac{d^2f}{dz^2}\right|_{z=z_0} = \frac{2}{2\pi i} \oint_C \frac{f(z)}{(z-z_0)^3} dz$$

Estendendo para a ordem n:

$$\left.\frac{d^n f}{dz^n}\right|_{z=z_0} = \frac{n!}{2\pi i} \oint_C \frac{f(z)}{(z-z_0)^n} dz$$

Exemplificando

Adotando a integral que segue para $f(z) = \operatorname{sen}^2 z$:

$$I = \oint_C \frac{f(z)}{(z-a)^4} dz$$

no sentido anti-horário em um contorno que contém a singularidade, sabendo que a função trigonométrica não tem singularidades. Dessa forma, para n = 3, teremos:

$$I = \frac{2\pi i}{3 \cdot 2 \cdot 1} \left(\frac{d^3}{dz^3} \operatorname{sen}^2 z\right)_{z=a} = -\frac{8\pi i}{3} \operatorname{sen} a \cos a$$

3.3 Expansão de Laurent, singularidades e cálculo de resíduos

A análise complexa consiste em uma ferramenta para cálculo de integrais, pois o teorema integral de Cauchy é extremamente útil em diversas situações. Entretanto, sempre precisamos dos polos para calcular os resíduos, isto é, o valor da integral.

Diferentemente da série de Taylor, em Laurent, em torno de z_0, também há termos no denominador, como:

$$f(z) = \ldots + a_{-2}(z-z_0)^{-2} + a_{-1}(z-z_0)^{-1} + a_0 + a_1(z-z_0)^1 + a_2(z-z_0)^2 + \ldots$$

Visualizando de outra forma:

$$f(z) = \ldots + \frac{a_{-2}}{(z-z_0)^2} + \frac{a_{-1}}{(z-z_0)^1} + a_0 + a_1(z-z_0)^1 + a_2(z-z_0)^2 + \ldots$$

Nesta seção, estudaremos uma ferramenta chamada *expansão de Laurent*, por meio da qual podemos reescrever as funções dadas em uma série, de tal modo:

$$f(z) = \sum_{n=-\infty}^{\infty} a_n (z-z_0)^n$$

em que a_n são os coeficientes da série escrita em torno do ponto z_0, dados por:

$$a_n = \frac{1}{2\pi i} \oint_C \frac{f(z)}{(z-z_0)^{n+1}} dz$$

A série de Laurent difere da de Taylor pela existência de fatores $(z-z_0)^n$, com $n > 0$. As temáticas referentes às divergências, ao raio de convergência e à continuação analítica não farão parte do escopo deste livro.

Outra maneira de compreender a expansão de Laurent é escrevê-la como dois somatórios, explicitando categoricamente sua importância nesse contexto de resíduos:

$$f(z) = \sum_{n=1}^{\infty} \frac{a_{-n}}{(z-z_0)^n} + \sum_{n=-\infty}^{\infty} a_n (z-z_0)^n$$

Com as componentes dadas, com n > 0, por:

$$a_n = \frac{1}{2\pi i} \oint_C \frac{f(z)}{(z-z_0)^{n+1}} dz$$

$$a_{-n} = \frac{1}{2\pi i} \oint_C (z-z_0)^{n-1} f(z) dz$$

Exemplificando

Consideraremos uma função $f(z) = \frac{\operatorname{sen} z}{z^4}$ para demonstrar como analisar o que ocorre com a série de Laurent. A função seno pode ser escrita na série de Taylor em torno de zero do seguinte modo:

$$\operatorname{sen} z = z - \frac{z^3}{3!} + \frac{z^5}{5!} - \frac{z^7}{7!} + \ldots$$

Se dividirmos a expressão inteira por z^4, obteremos a série de Laurent:

$$\frac{\operatorname{sen} z}{z^4} = \frac{1}{z^3} - \frac{1}{3!z} + \frac{z}{5!} - \frac{z^3}{7!} + \ldots$$

De acordo com as fórmulas dos termos, fica fácil analisar a não existência de termos com potencias menores que z^{-3}, o que é verificável pelas fórmulas apresentadas de a_n e a_{-n} – as quais deixamos como exercício para o leitor verificar.

3.3.1 Singularidades

Acerca das singularidades, focaremos na classificação de singularidades isoladas. Dentro da série de Laurent de uma função complexa f(z), podemos descrever a parte principal como o segmento com potências negativas, e a parte analítica, com potências positivas, ou seja:

$$f(z) = f_p(z) + f_a(z)$$

Definimos os setores como:

$$f_p(z) = \ldots + \frac{a_{-2}}{(z-z_0)^2} + \frac{a_{-1}}{(z-z_0)}$$

$$f_a(z) = a_0 + a_1(z-z_0)^1 + a_2(z-z_0)^2 + \ldots$$

É possível classificar as singularidades isoladas de acordo com a parte principal e a quantidade de termos nela presentes, a saber: singularidade removível, polo simples, polo de ordem *n* e singularidade essencial.

- **Singularidade removível**: não há termo algum em $f_p(z)$:

$$\frac{\operatorname{sen} z}{z} = 1 - \frac{z^2}{3!} + \frac{z^4}{5!} - \frac{z^6}{7!} + \ldots \text{ em torno de } z_0 = 0$$

- **Polo simples**: há apenas um termo em $f_p(z)$:

$$\frac{\operatorname{sen} z}{z^2} = \frac{1}{z} - \frac{z}{3!} + \frac{z^3}{5!} - \frac{z^3}{7!} + \ldots \text{ em torno de } z_0 = 0$$

- **Polo de ordem n**: há *n* termos em $f_p(z)$:

$$\frac{1}{(z-1)^2(z-3)} = \frac{1}{2(z-1)^2} - \frac{1}{4(z-1)} + \frac{1}{8} - \frac{(z-1)}{16} - \ldots \text{ em}$$

torno de $z_0 = 1$

- **Singularidade essencial**: há infinitos termos em $f_p(z)$:

$$\frac{1}{z(z-1)} = \frac{1}{z^2} + \frac{1}{z^3} + \frac{1}{z^4} \ldots \text{ em torno de } z_0 = 0$$

3.3.2 Fórmula dos resíduos

Com relação ao teorema dos resíduos, precisamos formalizá-lo com a expansão de Laurent:

$$f(z) = \sum_{n=-\infty}^{\infty} a_n (z-z_0)^n$$

Usando o teorema integral de Cauchy na função anterior, é possível notar que a integral a seguir, realizada em uma região que contém o polo, é dada por:

$$\oint_C f(z)dz = \oint_C \sum_{n=-\infty}^{\infty} a_n (z-z_0)^n dz = \sum_{n=-\infty}^{\infty} a_n \oint_C (z-z_0)^n dz$$

Sabendo que a integral da direita vale zero para todos os coeficientes a_n com $n \neq -1$, e diferente de zero somente para o fator $n = -1$, temos que:

$$\oint_C f(z)dz = a_{-1} \underbrace{\oint_C (z-z_0)^{-1} dz}_{2\pi i} = 2\pi i a_{-1}$$

Esse coeficiente é chamado de resíduo de $f(z)$ em $z = z_0$.

Agora, vamos supor uma região k que contém as singularidades $z_1, z_2, ..., z_n$. A integral da função $f(z)$ nessa região é dada por:

$$\oint_k f(z)dz = \oint_{\gamma_1} f(z)dz + \oint_{\gamma_2} f(z)dz + ... + \oint_{\gamma_n} f(z)dz$$

em que γ_n são regiões que envolvem as singularidades z_n. Cada integral será dada por $2\pi i a_{-1,n} = 2\pi i \operatorname{Res}(z_n)$, sendo a integral na região K obtida por:

$$\oint_k f(z)dz = 2\pi i \sum_{n=1}^{n} \operatorname{Res}(z_n).$$

Esse é o chamado *teorema dos resíduos*. O interessante é que não precisamos obter a expansão inteira de Laurent em torno de um polo específico para identificar o resíduo. Basta usar o seguinte artifício: multiplicar a função $f(z)$ pelo polo $(z - z_0)$:

$$(z-z_0)f(z) = a_{-1} + a_0(z-z_0) + a_1(z-z_0)^2 + ...$$

Assim, calculando o limite de $z \to z_0$, obtemos a expressão:

$$a_{-1} = \lim_{z \to z_0}(z-z_0)f(z)$$

a qual consiste em uma forma de cálculo de um resíduo. Se existe um polo onde $n > 1$ em $z - z_0$, então devemos multiplicá-lo pelo fator correspondente $(z - z_0)^n$:

$$(z-z_0)^n f(z) = a_n + \ldots + a_{-1}(z-z_0)^{n-1} + a_0(z-z_0)^n + \ldots$$

Fazendo o mesmo limite, ficamos com:

$$a_n = \lim_{z \to z_0}(z-z_0)^n f(z)$$

Como o resíduo a_{-1} é o coeficiente que acompanha $(z-z_0)^{n-1}$, usando o teorema integral generalizado de Cauchy, obtemos:

$$a_{-1} = \frac{1}{(n-1)!} \lim_{z \to z_0}\left\{\frac{d^{n-1}}{dz^{n-1}}[(z-z_0)^n f(z)]\right\}$$

Para chegamos a essa fórmula de um exemplo prático, suponhamos esta função:

$$g(z) = \frac{a}{z^4} + \frac{b}{z^3} + \frac{c}{z^2} + \frac{d}{z} + \ldots$$

Colocando $\frac{1}{z^4}$ em evidência:

$$g(z) = \frac{a + bz + cz^2 + dz^3 + \ldots}{z^4} = \frac{f(z)}{z^4}$$

em que $f(z)$ uma holomorfa facilmente verificável. Se formos derivando $f(z)$, teremos, a cada ordem, um termo no numerador, conforme segue nas duas primeiras derivadas:

$$f'(z) = b + 2cz + 3dz^2 + \ldots$$

$$f''(z) = 2c + 3 \cdot 2dz + \ldots$$

Adotando o valor das derivadas em $z = 0$, os termos em z desaparecem, surgindo, enfim, o valor do resíduo, ou seja:

$$f(0) = a,\ f'(0) = b,\ f''(0) = 2c, \ldots$$

Assim, conseguimos calcular os resíduos de maneira prática.

Exemplificando

Considere a integral a seguir, em uma região $|z| = 5$ no sentido anti-horário:

$$\int_{|z|=5} \frac{e^x}{(z-4)z^2} dz$$

Podemos perceber dois resíduos correspondentes:

$$\int_{|z|=5} \frac{e^x}{(z-4)z^2} dz = 2\pi i \left\{ \text{Res}_{z=4}\left(\frac{e^z/z^2}{z-4}\right) + \text{Res}_{z=0}\left(\frac{e^z/(z-4)}{z^2}\right) \right\}$$

Figura 3.5 – Região de integração com duas singularidades em $X = 0$ e $X = 4$

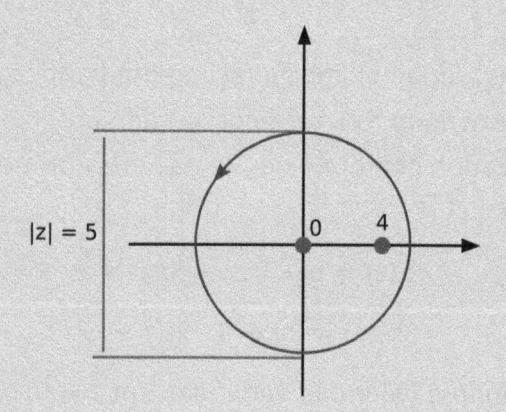

Para o polo $z = 4$, o termo a ser calculado, com $n = 1$, será:

$$\text{Res}_{z_0=4}\left(\frac{e^z/z^2}{z-4}\right) = \frac{1}{(1-1)!}\lim_{z\to 4}\left\{\frac{d^{1-1}}{dz^{1-1}}\left[(z-4)^1\frac{(e^z/z^2)}{(z-4)}\right]\right\} = \frac{e^4}{4^2}$$

$\underbrace{}_{0!=1}$

Trata-se de um exemplo simples, pois a função não foi derivada, já que os expoentes foram todos zerados. Agora, para o polo $z = 0$, o índice é $n = 2$, logo, teremos uma derivada de primeira ordem:

$$\text{Res}_{z_0=0}\left(\frac{e^z/(z-4)}{z^2}\right) = \frac{1}{(2-1)!}\lim_{z\to 0}\left\{\frac{d^{2-1}}{dz^{2-1}}\left[z^2\frac{(e^z/(z-4))}{z^2}\right]\right\}$$

Realizando a derivada no interior do limite:

$$\left.\frac{d}{dx}\left(\frac{e^z}{z-4}\right)\right|_{z=0} = \left.\frac{e^z(z-4)+4e^z}{(z-4)^2}\right|_{z=0} = -\frac{5}{16}$$

Logo, o valor da integral é:

$$\int_{|z|=5}\frac{e^x}{(z-4)z^2}dz = \frac{\pi i}{8}\{e^4 - 5\}$$

Essa ferramenta é muito útil para diversos problemas de integração no plano real e para as funções de Green, quando se usa a transformada de Fourier.

3.4 Funções de Green para problemas em uma dimensão

Nesta seção, retomaremos as equações diferenciais, mas agora com ênfase nas distribuições. Ressaltamos não ser nosso objetivo neste livro detalhar a teoria das distribuições; nosso interesse é expor alguns conceitos referentes a ela.

O método das funções de Green é largamente usado para a obtenção da solução de uma equação diferencial não homogênea e que se instrumentaliza dos espaços vetoriais.

Entretanto, antes de avançarmos, devemos relembrar as operações entre matrizes quadradas. Sejam A, X e B matrizes quadradas de ordem n que se relacionam da seguinte maneira:

$$AX = B$$

A matriz X é a incógnita, e as matrizes A e B são conhecidas. Assim, para encontrar o valor de X, multiplicamos a esquerda pela matriz inversa de A:

$$\underbrace{A^{-1}A}_{I_n}X = A^{-1}B \rightarrow X = A^{-1}B$$

Trata-se de uma operação bastante comum até para equações simples, como $2x = 4$, a qual normalmente é resolvida dividindo-se ambos os lados por 2. No caso das matrizes, não existe a divisão como ocorre com os números reais. Por isso, é preciso obter a matriz inversa e a matriz identidade de ordem n I_n:

$$A^{-1}A = I_n$$

A identidade faz o papel do número 1 nos reais e, na multiplicação, não altera o número final. Pode parecer estranho começar a abordagem do assunto nesses termos, mas com as equações diferenciais ocorre algo bem parecido. No espaço funcional, podemos escrever:

$$L_x \phi(x) = \psi(x)$$

sendo L_x um operador diferencial conhecido, $\phi(x)$ uma função desconhecida e $\psi(x)$ uma função conhecida (referida como *termo de fonte* na literatura). Seria interessante se pudéssemos proceder do mesmo modo como com as matrizes e obter $\phi(x) = L^{-1}\psi(x)$ de maneira sistemática e direta. A função de Green é um método para encontrar o operador inverso L^{-1}. A esse respeito, considere esta equação:

$$L_x G(x, x') = \delta(x - x')$$

em que $G(x, x')$ é a função de Green e $\delta(x - x')$ é a chamada *delta de Dirac*. Tal equação é semelhante à definição da matriz inversa, porém, aqui, o elemento neutro da multiplicação (no contexto das distribuições) é a delta de Dirac.

? O que é

Delta de Dirac

A *delta de Dirac*, expressa como $\delta(x - x')$, é definida como:

$$\delta(x - x_0) = \begin{cases} 0, & x \neq x_0 \\ \infty, & x = x_0 \end{cases}$$

O elemento neutro da multiplicação (no contexto das distribuições) é a delta de Dirac, por meio das seguintes identidades:

$$\int_{-\infty}^{\infty} \delta(x - x_0)dx = 1, \quad \int_{-\infty}^{\infty} F(x)\delta(x - x_0)dx = F(x_0)$$

Isso conduz a uma solução simples, tendo em vista a teoria das distribuições:

$$\phi(x) = \int_a^b G(x, x')\psi(x')dx'$$

Atuando o operador L_x em ambos os lados:

$$L_x\phi(x) = \int_a^b \{L_x G(x, x')\} \psi(x')dx' = \int_a^b \delta(x - x')\psi(x')dx' = \psi(x)$$

Usando uma das propriedades da delta de Dirac, no contexto das distribuições:

$$\int_{x_1}^{x_2} \delta(x - x')f(x')dx' = f(t)$$

Para seguirmos abordando esse assunto matemático, recorreremos à física mediante um exemplo simples: um móvel em um ambiente de frenagem por arraste é forçado por uma força F(t) cuja equação diferencial que rege a dinâmica é dada por:

$$m\frac{dv}{dt} = F(t) - bv$$

em que *m* é a massa do objeto, *b* é o coeficiente de arrasto, e a força age instantaneamente em um tempo

$t = t_0$. Esse problema tem uma solução conhecida nos livros de mecânica clássica, como segue:

$$v(t) = \begin{cases} 0, & \text{para } t < t_0 \\ Ae^{-bt/m} & \text{para } t > t_0 \end{cases}$$

Figura 3.6 – Gráfico de velocidade e força

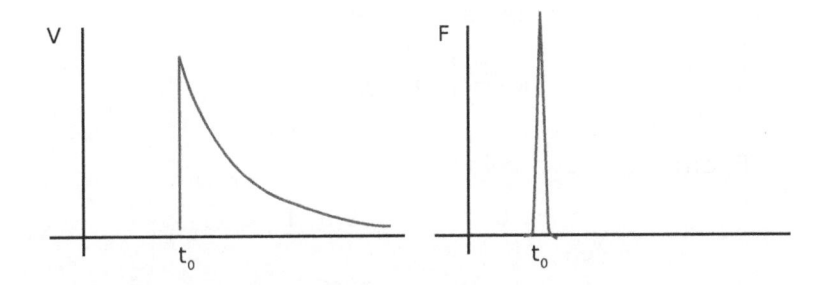

No entanto, na prática, o que geralmente se faz é não inserir esse impulso na equação. Existe uma descontinuidade na velocidade que precisa ser estudada para encontrarmos a amplitude A do movimento, ou seja, a velocidade no exato instante do impulso. Para isso, devemos integrar em uma região próxima de t_0, em um intervalo $[t_0 - \epsilon, t_0 + \epsilon]$:

$$m \int_{t_0-\epsilon}^{t_0+\epsilon} \frac{dv}{dt} dt = \int_{t_0-\epsilon}^{t_0+\epsilon} F(t) dt - b \int_{t_0-\epsilon}^{t_0+\epsilon} \frac{dx}{dt} dt$$

Assim, ficamos com:

$$m\left(v(t_0+\epsilon) - v(t_0-\epsilon)\right) = \int_{t_0-\epsilon}^{t_0+\epsilon} F(t)dt - b\left(x(t_0+\epsilon) - x(t_0-\epsilon)\right)$$

Definindo o impulso como a ação da força em determinado intervalo de tempo:

$$I = \int_{t_0-\epsilon}^{t_0+\epsilon} F(t)dt$$

Há uma descontinuidade na velocidade, mas não na posição. Por isso, o último termo da equação desaparece (não há mudança brusca na posição). Sendo assim, sabendo que a velocidade antes do impulso é nula, chegamos à amplitude da velocidade:

$$m\left\{Ae^{-\frac{bt_0}{m}}\right\} = I \to A = \frac{I}{m}e^{\frac{bt_0}{m}}$$

E, em seguida, à velocidade:

$$v(t) = \begin{cases} 0, & \text{para } t < t_0 \\ \frac{I}{m}e^{-\frac{b(t-t_0)}{m}} & \text{para } t > t_0 \end{cases}$$

Quando estabelecemos o impulso, atribuímos uma integral de uma força, mas podemos reescrever como uma delta de Dirac:

$$f(t) = I\delta(t - t_0)$$

Observe que estamos realizando a solução de uma equação diferencial semelhante à que define as funções de Green:

$$m\frac{dv}{dt} - bv = I\delta(t - t_0)$$

Nessa ótica, podemos estender o conceito de impulso localizado para diversos impulsos contínuos, ou seja:

$$\Delta I_n = F_n \Delta t_n$$

Figura 3.7 – Representação gráfica da força como soma de impulsos

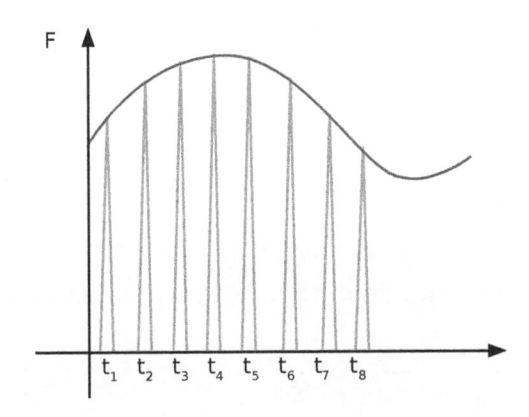

[Gráfico: eixo F versus t, com curva de força representada por impulsos verticais nos instantes $t_1, t_2, t_3, t_4, t_5, t_6, t_7, t_8$]

Com isso, temos uma velocidade dada por:

$$v(t) = \sum_{n=1}^{k} \frac{\Delta I_n}{m} e^{-\frac{b(t-t_n)}{m}} = \sum_{n=1}^{k} \frac{F_n \Delta t_n}{m} e^{-\frac{b(t-t_n)}{m}}$$

É como se cada impulso localizado mantivesse a dinâmica do móvel inserido no sistema.

Fazendo o limite para o contínuo com $\Delta t_n \to 0$, obtemos na forma integral:

$$v(t) = \int_{t_1}^{t} \frac{e^{-\frac{b(t-t')}{m}}}{m} F(t')dt'$$

Tal solução satisfaz à equação diferencial inicial. O método de Green resume-se a quatro passos, quais sejam:

1. encontrar as soluções da equação homogênea;
2. obter as condições que levam à continuidade;

3. promover a construção da descontinuidade da derivada primeira;
4. proceder à integração.

Exemplificando

Esse método pode ser ilustrado pelo oscilador harmônico amortecido (corpo de massa *m*), cuja EDO é definida por:

$$\frac{d^2x(t)}{dt^2} + 2\gamma \frac{dx(t)}{dt} + \omega_0^2 x(t) = F/m$$

sendo γ o fator de amortecimento, ω_0 a frequência natural do sistema e *F* uma força externa que age somente a partir de um tempo $t = t_0$. A solução dessa equação é conhecida nos cursos de equações diferenciais:

$$x(t) = \begin{cases} 0, & \text{para } t < t_0, \text{ para } t > t_0 \\ e^{-\gamma t}\left(A\cos(\omega t) + B\sen(\omega t)\right) \end{cases}$$

em que $\omega = \sqrt{\omega_0^2 - \gamma^2}$. Sabendo que não existe descontinuidade na posição, ou seja, $x(t_0 + \epsilon) = x(t_0 - \epsilon)$, verificamos que:

$$A = -B\tg(\omega t_0)$$

Agora, precisamos identificar a descontinuidade da derivada de ordem 1 em $t = t_0$, integrando em um intervalo $[t_0 - \epsilon, t_0 + \epsilon]$:

$$\int_{t_0-\epsilon}^{t_0+\epsilon} \frac{dv}{dt} dt + 2\gamma \int_{t_0-\epsilon}^{t_0+\epsilon} \frac{dx}{dt} dt + \omega_0^2 \int_{t_0-\epsilon}^{t_0+\epsilon} x(t) dt = \frac{1}{m} \int_{t_0-\epsilon}^{t_0+\epsilon} F dt$$

Fazendo o limite $\epsilon \to 0$, tendo em mente que a posição é contínua, obtemos:

$$\lim_{\epsilon \to 0}\left(v(t_0+\epsilon) - \underbrace{v(t_0-\epsilon)}_{0} \right) + 2\gamma \overbrace{\lim_{\epsilon \to 0}\left(x(t_0+\epsilon) - x(t_0-\epsilon) \right)}^{0} = I/m$$

Além disso, é necessário obter a velocidade em um instante depois do impulso, a qual é dada por (lembrando que $A = -B\text{tg}(\omega t_0)$):

$$\lim_{\epsilon \to 0} v(t_0+\epsilon) = \lim_{\epsilon \to 0} \frac{dx}{dt}\bigg|_{t_0+\epsilon} = \omega e^{-\gamma t_0}\left[B\text{tg}(\omega t_0)\text{sen}(\omega t_0) + B\cos(\omega t_0) \right]$$

Sabendo que, antes do impulso, a velocidade é nula e que não há descontinuidade na posição, temos:

$$\frac{\omega e^{-\gamma t_0} B}{\cos(\omega t_0)}\left\{ \text{sen}^2(\omega t_0) + \cos^2(\omega t_0) \right\} = I/m$$

Logo, o valor da constante B é:

$$B = \frac{I}{m\omega} e^{\gamma t_0} \cos(\omega t_0)$$

Enfim, após cálculos envolvendo relações trigonométricas, encontramos a trajetória do corpo, que corresponde à solução da EDO:

$$x(t) = \begin{cases} 0, & \text{para } t < t_0 \\ \frac{I}{m\omega} e^{-\gamma(t-t_0)}\left(\text{sen}(\omega(t-t_0))\right), & \text{para } t > t_0 \end{cases}$$

Agora, vamos generalizar, como fizemos anteriormente, atribuindo ao diferencial dx um impulso $dI = F(t')dt'$ em um tempo t':

$$dx = \frac{dI}{m\omega} e^{-\gamma(t-t')}\left(\text{sen}(\omega(t-t'))\right)$$

Com isso, ficamos com a integral:

$$x(t) = \int_{t_0}^{t} \frac{1}{m\omega} e^{-\gamma(t-t')} \left(\sen\left(\omega(t-t')\right) \right) F(t')dt'$$

É possível explicitar a função de Green da seguinte maneira:

$$G(t,t') = \frac{1}{m\omega} e^{-\gamma(t-t')} \left(\sen\left(\omega(t-t')\right) \right).$$

Ainda tomando a metodologia exposta como base, consideremos uma equação diferencial ordinária advinda do problema de Sturm-Liouville, autoadjunta, cujas condições de contorno são homogêneas:

$$\frac{d}{dx}\left(p(x)\frac{dy}{dx} \right) - q(x)y = f(x)$$

Reescreveremos a equação que define a função de Green:

$$L\left[G(x,\theta) \right] = \frac{d}{dx}\left(p(x)\frac{dG(x,\theta)}{dx} \right) - q(x)G(x,\theta) = \delta(x-\theta)$$

É interessante notar que no intervalo entre [a, b], a solução do problema é dada por:

$$y(x) = \int_{a}^{b} G(x,\theta)f(\theta)d\theta$$

Usando uma das propriedades da delta de Dirac, no contexto das distribuições, podemos verificar que a solução proposta satisfaz à equação:

$$L[y(x)] = \int_{a}^{b} L\left[G(x,\theta) \right] f(\theta)d\theta = f(x)$$

Depois de verificarmos a solução, integramos entre um intervalo $[\theta - \epsilon, \theta + \epsilon]$ para estudar a descontinuidade de $\frac{dG}{dx}$:

$$\int_{\theta-\epsilon}^{\theta+\epsilon} \frac{d}{dx}\left(p(x)\frac{dG(x,\theta)}{dx}\right)dx - \int_{\theta-\epsilon}^{\theta+\epsilon} q(x)G(x,\theta)dx = \int_{\theta-\epsilon}^{\theta+\epsilon} \delta(x-\theta)dx$$

Obtemos, assim, a expressão:

$$\left(p(x)\frac{dG(x,\theta)}{dx}\right)\bigg|_{\theta-\epsilon}^{\theta+\epsilon} - \int_{\theta-\epsilon}^{\theta+\epsilon} q(x)G(x,\theta)dx = 1$$

Como as funções dentro da integral são contínuas em $x = \theta$:

$$\lim_{\epsilon \to 0} \int_{\theta-\epsilon}^{\theta+\epsilon} q(x)G(x,\theta)dx = 0$$

resta o termo com o limite de $\epsilon \to 0$:

$$\lim_{\epsilon \to 0}\left(\frac{dG(x,\theta)}{dx}\bigg|_{\theta+\epsilon} - \frac{dG(x,\theta)}{dx}\bigg|_{\theta-\epsilon}\right) = \left(\frac{dG_+}{dx} - \frac{dG_-}{dx}\right)\bigg|_\theta = \frac{1}{p(\theta)}$$

o qual nos leva à descontinuidade de *dG/dx*.

Continuando, devemos admitir as condições de contorno, as quais abarcam as condições de Dirichlet, de Neumann e outras:

$$\begin{cases} \alpha_1 y_1(a) + \beta_1 \frac{dy_1}{dx}\bigg|_{x=a} = 0 \\ \alpha_1 y_2(b) + \beta_2 \frac{dy_2}{dx}\bigg|_{x=b} = 0 \end{cases}$$

As funções de Green também devem satisfazer às condições de contorno:

$$\begin{cases} \alpha_1 G_-(a) + \beta_1 \dfrac{dG_-}{dx}\bigg|_{x=a} = 0 \\ \alpha_1 G_+(b) + \beta_2 \dfrac{dG_+}{dx}\bigg|_{x=b} = 0 \end{cases}$$

Então, se tanto as soluções quanto as funções de Green satisfazem às mesmas condições de contorno, inferimos que elas são proporcionais:

$$\begin{cases} G_- = C_1 y_1(x), & \text{para } x < x' \\ G_+ = C_2 y_2(x), & \text{para } x > x' \end{cases}$$

Além disso, admitindo a continuidade da função de Green, resta-nos encontrar as constantes C_1 e C_2, para, enfim, encerrar o método de Green:

$$G_+(\theta) = G_-(\theta)$$

Com base no exposto, recorrendo à continuidade anterior e à relação da descontinuidade, obtemos um sistema de equações para encontrar a solução:

$$\begin{cases} C_1 y_1(\theta) - C_2 y_2(\theta) = 0 \\ C_1 \dfrac{dy_1(\theta)}{dx} - C_2 \dfrac{dy_2(\theta)}{dx} = \dfrac{1}{p(\theta)} \end{cases}$$

Podemos reescrevê-la como um produto de matrizes 2×2, que é simples:

$$\begin{pmatrix} y_1(\theta) & -y_2(\theta) \\ -\dfrac{dy_1}{dx}(\theta) & \dfrac{dy_2}{dx}(\theta) \end{pmatrix} \begin{pmatrix} C_1 \\ C_2 \end{pmatrix} = \begin{pmatrix} 1 \\ 1/p(\theta) \end{pmatrix}$$

Dessa forma, a solução é obtida por:

$$\begin{pmatrix} C_1 \\ C_2 \end{pmatrix} = \frac{1}{W(\theta)} \begin{pmatrix} \dfrac{dy_2}{dx}(\theta) & y_2(\theta) \\ \dfrac{dy_1}{dx}(\theta) & y_1(\theta) \end{pmatrix} \begin{pmatrix} 1 \\ 1/p(\theta) \end{pmatrix}$$

em que $W(\theta)$ é chamado de *wronskiano*, definido como o determinante a seguir:

$$W(\theta) = \det \begin{pmatrix} y_1(\theta) & \dfrac{dy_1}{dx}(\theta) \\ y_2(\theta) & \dfrac{dy_2}{dx}(\theta) \end{pmatrix} = y_1(\theta)\dfrac{dy_2}{dx}(\theta) - y_2(\theta)\dfrac{dy_1}{dx}(\theta)$$

De modo explícito, escrevemos os valores de C_1 e C_2:

$$C_1 = \frac{y_2(\theta)}{p(\theta)W(\theta)}, \quad C_2 = \frac{y_1(\theta)}{p(\theta)W(\theta)}$$

Então, torna-se possível escrever as funções de Green:

$$G_-(x,\theta) = \frac{y_1(x)y_2(\theta)}{p(\theta)W(\theta)}, \quad G_+(x,\theta) = \frac{y_1(\theta)y_2(x)}{p(\theta)W(\theta)}$$

$$G(x,\theta) = \begin{cases} y_1(x)\dfrac{y_2(\theta)}{p(\theta)W(\theta)}, & \text{para } a \le x \le \theta \\ \dfrac{y_1(\theta)}{p(\theta)W(\theta)} y_2(x), & \text{para } \theta \le x \le b \end{cases}$$

A solução geral do problema, estabelecido no intervalo $[a, b]$, sendo $a < x < b$ e $a < \theta < b$, é:

$$y(x) = \int_a^b G(x,\theta) f(\theta) d\theta = y_1(x)\int_a^x \frac{y_2(\theta)}{p(\theta)W(\theta)} f(\theta) d\theta + y_2(x)\int_x^b \frac{y_1(\theta)}{p(\theta)W(\theta)} f(\theta) d\theta$$

3.4.1 Função de Green e expansão em série

Em diversos casos, sejam analíticos ou não, a expansão em autofunções se faz necessária. Como comentamos no Capítulo 1, estamos interessados em estudar séries de funções constituídas em um contexto de espaços vetoriais. A construção começa definindo a equação de autovalores e autofunções de determinado operador diferencial L[], hermitiano por definição, em um intervalo [a, b]:

$$L[\phi_n(x)] = \lambda_n \sigma(x) \phi_n(x)$$

Com a função-peso $\sigma(x)$ e com autofunções ortogonais, segue que:

$$\langle \phi_n | \phi_m \rangle = \delta_{nm}$$

Assumindo a função expandida, chega-se a:

$$y(x) = \sum_{n=1}^{\infty} a_n \phi_n(x)$$

Sabendo que L[y] = f e utilizando o operador na equação anterior, temos:

$$L[y(x)] = \sum_{n=1}^{\infty} a_n L[\phi_n(x)] = \sum_{n=1}^{\infty} a_n \lambda_n \sigma(x) \phi_n(x) = f$$

Esta resulta na função $f(x)$ expandida como uma série de Fourier generalizada:

$$f(x) = \sum_{n=1}^{\infty} c_n \sigma(x) \phi_n(x)$$

cujos coeficientes são $c_n = \lambda_n a_n$. Agora, temos de recorrer à definição de ortogonalidade no contexto das autofunções não normalizadas com peso $\sigma(x)$:

$$\theta \int_a^b \phi_n(x) \phi_k(x) \sigma(x) dx = N_k \delta_{nk}$$

Realizando o produto interno $\langle f|\phi_k \rangle$ no intervalo dado:

$$\int_a^b f(x)\phi_k(x)dx = \int_a^b \sum_{n=1}^{\infty} \lambda_n a_n \sigma(x)\phi_n(x)\phi_k(x)dx = \sum_{n=1}^{\infty} \lambda_n a_n \int_a^b \phi_n(x)\phi_k(x)\sigma(x)dx$$

Encontramos, enfim, os coeficientes da expansão de $y(x)$:

$$a_n = \frac{\langle f|\phi_n \rangle}{N_n \lambda_n}$$

Inserindo-os na expressão, obtemos:

$$y(x) = \sum_{n=1}^{\infty} \frac{\langle f|\phi_n \rangle}{N_n \lambda_n} \phi_n(x) = \sum_{n=1}^{\infty} \frac{1}{N_n \lambda_n} \int_a^b f(\theta)\phi_n(\theta)\phi_n(x)d\theta$$

Agora, comutando o somatório com a integração:

$$y(x) = \int_a^b \sum_{n=1}^{\infty} \frac{\phi_n(\theta)\phi_n(x)}{N_n \lambda_n} f(\theta)d\theta$$

Finalizamos com a forma bilinear da função de Green:

$$G(x,\theta) = \sum_{n=1}^{\infty} \frac{\phi_n(\theta)\phi_n(x)}{N_n \lambda_n}$$

A respeito da forma bilinear, temos de registrar duas observações: (i) casos de degenerescência e autovalores nulos geram certos problemas, os quais não esmiuçaremos nesta obra; (ii) a forma bilinear no caso complexo é generalizada como:

$$G(x,\theta) = \sum_{n=1}^{\infty} \frac{\phi_n^*(\theta)\phi_n(x)}{N_n \lambda_n}$$

Esta revela uma simetria da função de Green:

$$G(x,\theta) = G^*(\theta,x)$$

3.5 Função de Green para problemas em duas e três dimensões

Depois da digressão em uma dimensão, precisamos estender o assunto para duas e três dimensões. Não faltam exemplos de aplicação da função de Green para tais dimensões na eletrodinâmica, na termodinâmica e na mecânica quântica.

A função de Green provavelmente foi utilizada pela primeira vez no estudo da eletrostática, considerando o potencial de uma carga q, localizada em $\vec{r}$, em dada posição $\vec{r}$:

$$\phi(\vec{r}) = \frac{q}{4\pi \epsilon_0} \frac{1}{|\vec{r}-\vec{r}'|}$$

Esse potencial representa a solução da chamada *equação de Poisson*, obtida pelo laplaciano do potencial:

$$\nabla^2 \phi(\vec{r}) = \frac{q\delta(\vec{r}-\vec{r}')}{\epsilon_0}$$

Aqui a delta é usada para localizar a carga q. Então, a fim de generalizar para outras dimensões, precisamos ter em mente que a forma permanece, mas nem tudo corresponde exatamente a uma dimensão. A equação diferencial parcial (EDP) que gera as funções de Green, vinda de uma EDP homogênea $L[\phi(\vec{r}_1)] = 0$, com condições de contorno adequadas, é dada por:

$$LG(\vec{r}_1, \vec{r}_2) = \delta(\vec{r}_1 - \vec{r}_2)$$

Salientamos que há vetores, em vez de somente variáveis, e que a delta de Dirac tem esta forma:

$$\delta(\vec{r}_1 - \vec{r}_2) = \delta(x_1 - x_2)\delta(y_1 - y_2)\delta(z_1 - z_2)$$

cujos vetores são $\vec{r}_n = x_n \hat{i} + y_n \hat{j} + z_n \hat{k}$. Sendo a EDP:

$$L[\phi(\vec{r})] = f(\vec{r})$$

a solução em termos da função de Green é:

$$\phi(\vec{r}) = \int G(\vec{r}_1, \vec{r}_2) f(\vec{r}_2) d^3 \vec{r}_2$$

E $d^3\vec{r}_2 = dx_2 dy_2 dz_2$.

Seguindo o mesmo caminho do caso unidimensional, a função de Green é simétrica $G(\vec{r}_1, \vec{r}_2) = G^*(\vec{r}_2, \vec{r}_1)$ e tem a expansão de autofunção:

$$G(\vec{r}_1, \vec{r}_2) = \sum_n \frac{\varphi^*(\vec{r}_2)\varphi(\vec{r}_1)}{\lambda_n}$$

Ademais, ressaltamos que uma equação diferencial de segunda ordem é autoadjunta quando assume a forma:

$$L[\psi(\vec{r})] = \vec{\nabla} \cdot [p(\vec{r})\vec{\nabla}\psi(\vec{r})] + q(\vec{r})\psi(\vec{r}) = f(\vec{r})$$

O procedimento canônico é o mesmo do caso unidimensional, ou seja, procede-se à parte da descontinuidade e, em seguida, aplicam-se todos os critérios com as condições de contorno adequadas.

Contudo, é interessante apresentarmos um exemplo no qual utilizamos uma transformada integral muito recorrente, a transformada de Fourier. Na eletrodinâmica, adota-se uma dinâmica ondulatória para os potenciais escalar e vetor a partir das equações de Maxwell no calibre de Lorentz. Assim, é importante calcular a função de Green do d'alembertiano:

$$\left(\nabla^2 - \frac{1}{c^2}\frac{\partial^2}{\partial t^2}\right)G(t,\vec{r}\,|\,t',\vec{r}\,') = \delta(t-t')\delta(\vec{r}-\vec{r}\,')$$

Para que a solução de:

$$\left(\nabla^2 - \frac{1}{c^2}\frac{\partial^2}{\partial t^2}\right)\psi(t,\vec{r}) = f(t,\vec{r})$$

seja dada por:

$$\psi(t,\vec{r}) = \int dt' d^3\vec{r}\,' G(t,\vec{r}\,|\,t',\vec{r}\,') f(t',\vec{r}\,')$$

é preciso proceder a uma transformação integral importante: a transformada de Fourier e a transformada inversa de Fourier:

$$\psi(t,\vec{r}) = \frac{1}{(2\pi)^4}\int d\omega d^3\vec{k}\, e^{i\omega t} e^{i\vec{k}\cdot\vec{r}}\, \tilde{\psi}(\omega,\vec{k})$$

$$\tilde{\psi}(\omega,\vec{k}) = \int dt d^3\vec{r}\, e^{-i\omega t} e^{-i\vec{k}\cdot\vec{r}}\, \psi(t,\vec{r})$$

Ambas as transformadas foram aqui em sua forma tridimensional. Certos elementos – que podemos nomear como *vetor frente de onda* $\vec{k}$ e *frequência angular* ω – são fundamentais na ondulatória, estando relacionados à frequência e ao comprimento de onda. Recorrendo a algumas propriedades da transformada de Fourier, podemos transformar a equação diferencial em uma equação algébrica:

$$\left(\nabla^2 - \frac{1}{c^2}\frac{\partial^2}{\partial t^2}\right)\psi(t,\vec{r}) = f(t,\vec{r}) \rightarrow \left(-k^2 + \frac{\omega^2}{c^2}\right)\tilde{\psi}(\omega,\vec{k}) = \tilde{f}(\omega,\vec{k})$$

em que $k^2 = \vec{k}\cdot\vec{k}$. Então, é possível colocar a função $\tilde{\psi}$ isolada como:

$$\tilde{\psi}(\omega,\vec{k}) = -\frac{\tilde{f}(\omega,\vec{k})}{\left(k^2 - \frac{\omega^2}{c^2}\right)}$$

Agora, basta fazer a transformação inversa e o problema será resolvido:

$$\psi(t,\vec{r}) = \frac{-1}{(2\pi)^4}\int d\omega d^3\vec{k}\, e^{i\omega t} e^{i\vec{k}\cdot\vec{r}}\frac{\tilde{f}(\omega,\vec{k})}{\left(k^2 - \frac{\omega^2}{c^2}\right)}$$

Tal equação pode ser adequadamente reescrita com base nas transformadas de Fourier de $\tilde{f}(\omega,\vec{k})$:

$$\psi(t,\vec{r}) = \int dt d^3\vec{r}\,' f(t',\vec{r}\,')\int \frac{d\omega d^3\vec{k}}{(2\pi)^4}\frac{e^{i\omega(t-t')}e^{i\vec{k}\cdot(\vec{r}-\vec{r}\,')}}{(k^2 - \omega^2/c^2)}$$

Essa integral deve ser resolvida pelo método dos resíduos.

Considerando dois polos no plano de ω dado complexo, a escolha do caminho de integração deve ser tal que respeite a física do sistema. Sendo $\Delta t = t - t'$ e $\Delta \vec{r} = \vec{r} - \vec{r}'$, podemos reescrever a função de Green partindo da última equação:

$$G(\Delta t \mid \Delta \vec{r}) = -\int \frac{d\omega d^3\vec{k}}{(2\pi)^4} \frac{e^{i\omega \Delta t} e^{i\vec{k}\cdot \Delta \vec{r}}}{(k^2 - \omega^2/c^2)}$$

Nesse caso, é possível escolher uma direção específica para fazer a integração e um sistema adequado de coordenadas. Selecionando o vetor frente de onda na mesma direção de Δx em coordenadas esféricas, temos:

$$G(\Delta t \mid \Delta \vec{r}) = -\frac{1}{(2\pi)^4} \int_{-\infty}^{\infty} d\omega e^{i\omega \Delta t} \int_0^{\infty} dk k^2 \int_{-1}^{1} d(\cos\theta) \frac{e^{ik\Delta x \cos\theta}}{(k^2 - \omega^2/c^2)} \int_0^{2\pi} d\varphi$$

Podemos resolver algumas integrais imediatas. Em uma delas, usamos uma fórmula de Euler para o $\text{sen}(k\Delta x)$, e trocando a ordem das integrais, simplificamos a função de Green:

$$G(\Delta t \mid \Delta \vec{r}) = \frac{c^2}{4\pi^3} \frac{1}{\Delta x} \int_0^{\infty} k\,\text{sen}(k\Delta x) dk \int_{-\infty}^{\infty} d\omega \frac{e^{i\omega \Delta t}}{(\omega^2 - (kc)^2)}$$

Nesse contexto, utilizamos o método dos resíduos para a integração em ω. Verificamos, assim, que existem dois polos: um em $\omega = kc$ e outro em $\omega = -kc$. Logo, a integral anterior depende de como o contorno é fechado no plano complexo, para incluir um, dois ou nenhum dos dois polos.

Figura 3.8 – Representação gráfica dos resultados

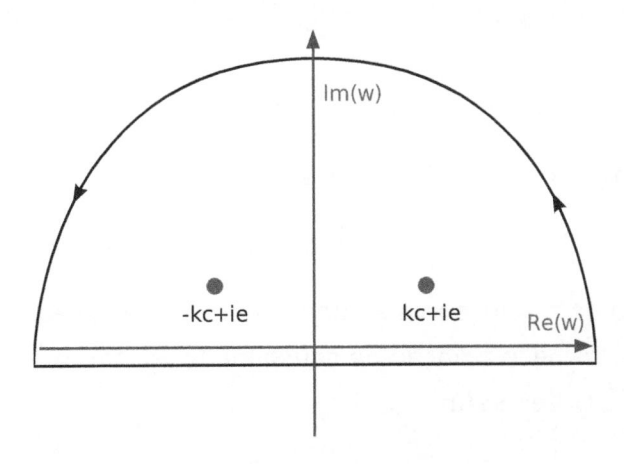

```
         Im(w)
    _____
   /     |     \
  /      |      \
 •       |       •
-kc+ie   |      kc+ie    Re(w)
_____|_____
```

Temos liberdade para escolher o contorno e os resíduos que usaremos para o cálculo da integral. Frisamos que inserimos um fator complexo ie na integral e, depois, fazemos um limite deste até zero. Sob essa perspectiva, poderíamos continuar investigando qual seria a escolha mais adequada. Entretanto, por uma questão prática, escolhemos o contorno acima como o fisicamente coerente. Para fechar o contorno dessa maneira, o termo $i\omega\Delta t \to -\infty$ enquanto $\text{Im}(\omega) \to \infty$, ou seja, precisamos de um $\Delta t > 0$. Com base no teorema dos resíduos, teremos:

$$G(\Delta t \mid \Delta \vec{r}) = \frac{c^2}{2\pi^2 i} \frac{1}{\Delta x} \int_0^\infty k \, \text{sen}(k\Delta x) \, dk \, 2 \frac{\text{sen}(kc\Delta t)}{2kc}$$

Lembramos que tal solução vale para $\Delta t > 0$. Agora, pela relação de Euler para as funções seno:

$$G(\Delta t \mid \Delta \vec{r}) = \frac{c}{2\pi^2} \frac{1}{\Delta x} \int_0^\infty dk \left(\frac{e^{ik\Delta x} - e^{-ik\Delta x}}{2i} \right) \left(\frac{e^{ikc\Delta t} - e^{-ikc\Delta t}}{2i} \right)$$

A representação da função delta no espaço de Fourier é:

$$\int_{-\infty}^{\infty} dk\, e^{ikx} = 2\pi\delta(x)$$

Logo, a função de Green será:

$$G(\Delta t \mid \Delta \vec{r}) = \frac{c}{4\pi}\frac{1}{\Delta x}\{\delta(\Delta x + c\Delta t) - \delta(\Delta x - c\Delta t)\}$$

Como a solução vale apenas para $\Delta t > 0$, o segundo termo fornece a noção de causalidade. Portanto, a função de Green será:

$$G(\Delta t \mid \Delta \vec{r}) = -\frac{c}{4\pi \Delta x}\delta(\Delta x - c\Delta t)$$

Em seguida, recorrendo a outra propriedade da delta de Dirac:

$$\delta(ax) = \frac{1}{|a|}\delta(x)$$

Podemos reescrever a função de Green, lembrando que $\Delta t = t - t'$:

$$G(\Delta t \mid \Delta \vec{r}) = -\frac{1}{4\pi\Delta x}\delta\left(\frac{\Delta x}{c} - t + t'\right) = -\frac{1}{4\pi\Delta x}\delta\left(t' - \left(t - \frac{\Delta x}{c}\right)\right)$$

O conteúdo físico do termo temporal é riquíssimo.

O termo $\frac{\Delta x}{c}$ corresponde ao tempo de um sinal cuja velocidade da luz sai de um ponto de coordenada x' e vai até outro ponto de coordenada x. Essa seleção se justifica pela causalidade das leis físicas – aliás, trata-se de uma das escolhas que levou à relatividade restrita de Einstein.

Indicações culturais

As funções de Green guardam estreita relação com a física de partículas e campos. Os famosos gráficos de Feynman contêm representações no espaço dos momentos da função de Green. Saiba mais sobre o assunto:

AGUILAR, A. C. Diagramas de Feynman: o poder de uma imagem. **Revista Brasileira de Ensino de Física**, v. 40, n. 4, 2018. Disponível em: <https://www.scielo.br/j/rbef/a/HrBg5pTm7wxPC7CWvM8KHfJ/?format=pdf&lang=pt>. Acesso em: 17 jul. 2023.

FEYNMAN, R. P. **QED**: the Strange Theory of Light and Matter. New Jersey: Princeton University Press, 1985.

Síntese

Neste capítulo, discutimos sobre as variáveis complexas e as condições de Cauchy-Riemann e exploramos o teorema e a fórmula integral de Cauchy. Além disso, apresentamos uma expansão útil no cálculo de integrais, a série de Laurent e expusemos os tipos de singularidade e o cálculo de resíduos. Por fim, abordamos o método da função de Green para uma, duas e três dimensões, e encerramos analisando um caso em que são utilizados o teorema dos resíduos e a transformada de Fourier.

Atividades de autoavaliação

1) Calcule a integral para um contorno C definido por $|z| > 1$:

$$\oint_C \frac{dz}{z^2 + z}$$

2) Considere a equação:

$$\left(\frac{d^2}{dt^2} + k\frac{d}{dt}\right)\psi(t) = f(t)$$

Com as condições iniciais $\psi(0) = \frac{d\psi}{dt}(0) = 0$, encontre a função de Green e resolva a EDO para $f(t) = e^{-t}$ em um tempo $t > 0$.

3) As funções analíticas nos complexos, também chamadas de *holomorfas*, são aquelas que respeitam as condições de Cauchy-Riemann:

$$\frac{\partial u}{\partial x} = \frac{\partial v}{\partial y} \quad e \quad \frac{\partial u}{\partial y} = -\frac{\partial v}{\partial x}$$

Considere a função complexa $f(x,y) = u(x,y) + iv(x,y)$. Assinale a alternativa que corresponde a uma função holomorfa:

a) $f(x,y) = x^2 + iy^2$

b) $f(x,y) = (x^3 - y^2 + x) + i(2xy + y)$

c) $f(x,y) = \frac{x}{x^2 + y^2} - \frac{iy}{x^2 + y^2}$

d) $f(x,y) = \dfrac{x}{x^2+y^2} + \dfrac{iy}{x^2+y^2}$

e) $f(z) = z^2 + z$

4) Considere a integral:

$$I = \oint_C \dfrac{dz}{4z^2 - 1}$$

Sendo a região C definida em um quadrado com vértices (0, 0), (0, 1), (1, 0) e (1, 1). Assinale a alternativa que corresponde ao resultado da integral:

a) $I = 0$
b) $I = 2\pi i$
c) $I = 4\pi i$
d) $I = \dfrac{\pi i}{2}$
e) $I = \dfrac{\pi i}{4}$

5) As funções de Green estão presentes na vida do estudante de Física desde muito cedo, nos cursos de eletromagnetismo, por exemplo. Assinale a alternativa que corresponde à Função de Green correta para o laplaciano:

a) $\nabla^2 \left(\dfrac{1}{\sqrt{(x-x') + (y-y') + (z-z')}} \right) =$
$= \delta(x-x')\delta(y-y')\delta(z-z')$

b) $\nabla^2 \left(\dfrac{\left((x-x')^2 + (y-y')^2 + (z-z')^2\right)}{\sqrt{(x-x')^2 + (y-y')^2 + (z-z')^2}} \right) =$
$= \delta(x-x')\delta(y-y')\delta(z-z')$

c) $\nabla^2 \left(\dfrac{x^2 + y^2 + z^2}{\sqrt{(x-x')^2 + (y-y')^2 + (z-z')^2}} \right) =$
$= \delta(x-x')\delta(y-y')\delta(z-z')$

d) $\nabla^2 \left(\dfrac{1}{\sqrt{(x-x')^2 + (y-y')^2 + (z-z')^2}} \right) =$
$= \delta(x-x')\delta(y-y')\delta(z-z')$

e) $\nabla^2 \left(\dfrac{z}{\sqrt{(x-x')^2 + (y-y')^2 + (z-z')^2}} \right) =$
$= \delta(x-x')\delta(y-y')\delta(z-z')$

Atividades de aprendizagem

Questões para reflexão

1) O método da função de Green é uma ferramenta importante nas soluções de equações diferenciais ordinárias e parciais. Contudo, existem diversos outros métodos que podem ser aplicados a essas funções, e quando encontramos um modo, temos infinitas funções que dependem das condições iniciais.

Pensemos sobre a equação diferencial de segunda ordem com as condições iniciais $u(0) = 0$ e $u\left(\dfrac{\pi}{2}\right) = 0$:

$$\frac{d^2u}{dx^2} + k^2u = f(x)$$

que equivale ao operador de Sturm-Liouville com valores adequados. O primeiro passo para encontrar a função de Green é escrever sua definição:

$$\frac{d^2G}{dx^2} + k^2G = \delta(x - x_0)$$

Além disso, reconheçamos que há uma descontinuidade em $x = x_0$, por conta da delta de Dirac, que tem valor ∞ nesse ponto e é nula em $x \neq x_0$. A solução geral em $x \neq x_0$ é:

$$G(x, x_0) = c_1(x_0)\cos kx + c_2(x_0)\operatorname{sen} kx$$

A partir disso, estude a função $G(x, x_0)$ com as com as condições iniciais $u(0) = 0$ e $u\left(\dfrac{\pi}{2k}\right) = 0$. E, então, analise a descontinuidade em $x = x_0$. Usando esse método, é possível encontrar a Função de Green sem recorrer a fórmulas.

2) Os gráficos de Feynman são representações gráficas da dinâmica de partículas elementares. Observe um exemplo de um diagrama de Feynman na Figura A:

Figura A – Exemplo de um diagrama de Feynman

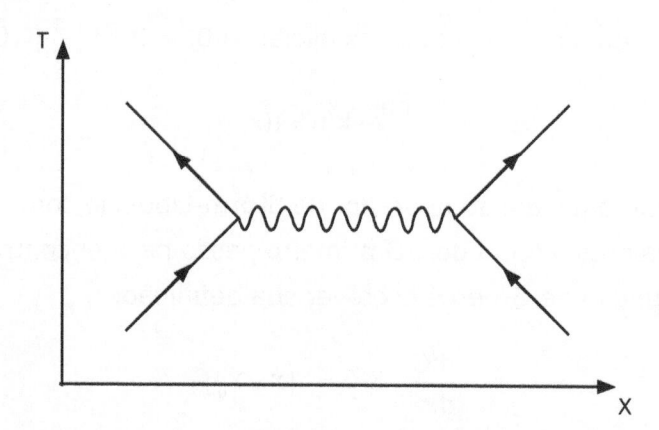

A função de Green e os diagramas de Feynman são duas ferramentas poderosas que são aplicadas a diversos campos, desde a teoria quântica de campos até a teoria da relatividade geral. A esse respeito, responda: Como a função de Green e os diagramas de Feynman se relacionam na física-matemática e como são usados para entender sistemas físicos complexos?

Atividade aplicada: prática

1) Elabore um mapa mental sobre análise complexa e funções. Ao final, conecte-os de forma prática, analisando o exemplo referente à função de Green do operador de d'Alembert.

Algumas funções especiais úteis na física-matemática

4

Até este momento, passamos por diferentes casos de espaços vetoriais, equações diferenciais e outras áreas da matemática extremamente úteis para a física. Neste capítulo, abordaremos um tema recorrente em física-matemática: as funções especiais. Nem todas as funções especiais serão apresentadas, somente aquelas que surgem em diversos contextos da física teórica. Assim, estudaremos a função gama, a função de Bessel, a função de Legendre e as funções de Hermite. A maioria delas se aplica aos casos de equações diferenciais ordinárias (EDOs) que se enquadram no problema de Sturm-Liouville, que usaremos bastante.

Tenha em mente que, ao se deparar com quaisquer dessas funções, você precisará de um bom *handbook* a seu lado, pois elas envolvem inúmeras relações, propriedades e truques matemáticos. Assim, ao longo deste texto, enunciaremos as definições, as características e as propriedades fundamentais para o entendimento global de tais funções. Além disso, detalharemos alguns cálculos, mas outros serão mantidos como exercícios (como em todo bom livro de física-matemática), para garantirmos um estudo mais dinâmico e objetivo.

4.1 Função gama

A função gama provavelmente é a função especial que mais se apresenta em problemas físicos. Ela frequentemente aparece na resolução de EDOs pelo método de expansão em séries de potências ou pelo método de

Frobenius; no espalhamento de Coulomb; e no cálculo das amplitudes de espalhamento. Além disso, na teoria quântica de campos, a função gama aparece no estudo de integrais de caminho e regularização dimensional. Ainda, ela é útil no estudo das propriedades da função zeta de Riemann, a qual é de suma importância na teoria de números e que aparece em um contexto mais moderno na física, a chamada *teoria de cordas*. Também guarda relação com as temáticas relativas à integração funcional e à regularização.

O que é

Função zeta de Riemann

A função zeta de Riemann é definida como:

$$\zeta(s) = \sum_{n=1}^{\infty} \frac{1}{n^s}$$

sendo s > 1. Essa função tem enorme relevância na teoria dos números e é utilizada na teoria de cordas. A função gama faz parte do estudo da continuação analítica da função zeta de Riemann, pois existe uma representação integral dessa função, dada por:

$$\zeta(s) = \frac{1}{\Gamma(z)} \int_0^\infty \frac{t^{z-1}}{e^t - 1} dt$$

Analisemos três definições diferentes para a função gama, que precisam satisfazer às relações F(1) = 1 e devem atuar funcionalmente como F(x + 1) = xF(x), sendo x real positivo. Euler, depois de muito estudo e de várias tentativas, chegou a uma função Γ(x), para x positivo, dada por:

$$\Gamma(x) = \frac{1}{x} \prod_{m=1}^{\infty} \left\{ \frac{\left(1+\frac{1}{m}\right)^x}{\left(1+\frac{x}{m}\right)} \right\}$$

Essa função satisfaz às condições apresentadas – ficando a cargo do(a) leitor(a) comprová-la. Podemos escrever de modo simplificado a função gama de Euler na definição vista da seguinte maneira:

$$\Gamma(x) = \lim_{n \to \infty} \frac{1 \cdot 2 \cdot 3 \ldots n}{x(x+1)(x+2)\ldots(x+n)} n^x$$

cuja prova das condições se mostra mais simples:

$$\Gamma(x+1) = \lim_{n \to \infty} \frac{1 \cdot 2 \cdot 3 \ldots n}{(x+1)(x+1)(x+2)\ldots(x+n+1)} n^{x+1} =$$

$$= \lim_{n \to \infty} \frac{1}{(x+n+1)} \frac{x}{x} \frac{1 \cdot 2 \cdot 3 \ldots n^2}{(x+1)(x+1)(x+2)\ldots(x+n)} n^x$$

$$\lim_{n \to \infty} \frac{nx}{(x+n+1)} \cdot \frac{1 \cdot 2 \cdot 3 \ldots n}{x(x+1)(x+1)(x+2)\ldots(x+n)} n^x$$

Realizando o limite de n → ∞:

$$\Gamma(x+1) = \lim_{n \to \infty} \frac{1}{\left(\frac{x}{nx} + \frac{n}{nx} + \frac{1}{nx}\right)} \Gamma(x) = x\Gamma(x)$$

É interessante manipular a definição da função gama e obter sua relação com o fatorial:

$$\Gamma(n+1) = n!$$

A segunda definição, a qual é a mais utilizada, é a forma integral de Euler, dada por:

$$\Gamma(z) = \int_0^\infty e^{-t} t^{z-1} dt$$

devendo a parte real da variável ser maior do que zero – algo extremamente necessário para evitar divergências na integral. Ressaltamos que, em muitos casos da física, a forma da função gama que se revela é:

$$\Gamma(z) = 2\int_0^\infty e^{-t^2} t^{2z-1} dt$$

Existem outras formas de apresentação da função gama; no entanto, cada uma insere mudanças específicas de variáveis na integração.

Mãos à obra

Derive as relações de recorrência:

$$\Gamma(z+1) = z\Gamma(z)$$

proveniente da definição integral:

$$\Gamma(z) = \int_0^\infty e^{-t} t^{z-1} dt$$

Para resolver, é necessário escrever a função gama:

$$\Gamma(z+1) = \int_0^\infty e^{-t} t^z dt$$

e fazer o procedimento de integração por partes:

$$\Gamma(z+1) = \int_0^\infty e^{-t} t^z dt = \underbrace{-e^{-t} t^z \Big|_0^\infty}_{0} + \underbrace{z \int_0^\infty e^{-t} t^{z-1} dt}_{\Gamma(z)} z$$

O primeiro termo é nulo. Logo, resta somente:

$$\Gamma(z+1) = z \int_0^\infty e^{-t} t^{z-1} dt = z\Gamma(z)$$

Para encerrarmos nossa abordagem introdutória, a terceira definição da função gama corresponde à forma de Weierstrass:

$$\frac{1}{\Gamma(z)} = z e^{\gamma z} \prod_{n=1}^\infty \left(1 + \frac{z}{n}\right) e^{-z/n}$$

sendo γ a chamada *constante de Euler-Mascheroni*:

$$\gamma = 0{,}57721566\ldots$$

Tal relação é muito recorrente no contexto da teoria quântica de campos. Com relação às relações funcionais, além da $\Gamma(z+1) = z\Gamma(z)$, a função gama satisfaz a outras relações, a exemplo da fórmula de reflexão:

$$\Gamma(z)\Gamma(1-z) = \frac{\pi}{\text{sen}(\pi z)}$$

que pode ser encontrada realizando-se as integrais de fato, com mudanças de variáveis oportunas. Com ela, torna-se possível chegar a um famoso resultado na física, fazendo $z = \frac{1}{2}$:

$$\Gamma\left(\frac{1}{2}\right) = \sqrt{\pi}$$

Ainda, fazendo uma análise proveniente da forma de Weierstrass, a função gama tem polos simples em $z = 0$, $-1, -2, \ldots$, e a função $\dfrac{1}{\Gamma(z)}$ não tem polos no plano complexo. Também é interessante entender graficamente a função gama, como mostra a Figura 4.1, para x real:

Figura 4.1 – Representação gráfica da função gama

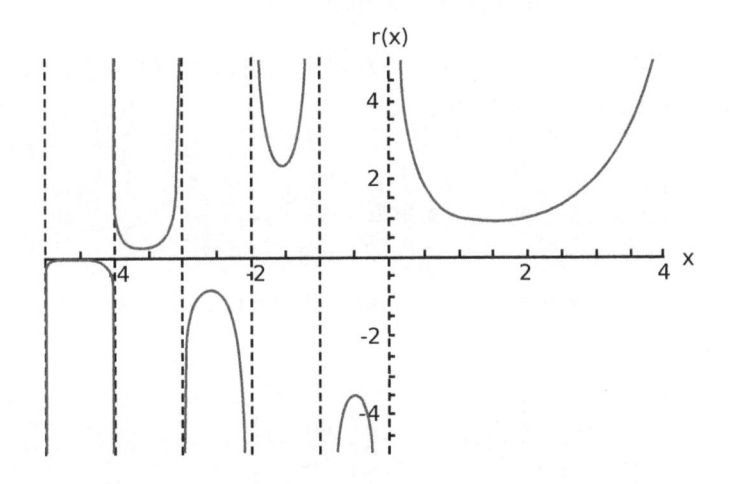

Fonte: Wolfram Mathworld, 2023d.

Exemplificando

Para não nos determos somente à matemática pura, veremos um exemplo clássico: a mecânica estatística no contexto da distribuição de Maxwell-Boltzmann. A energia média de um gás ideal com peso de Maxwell-Boltzmann é calculada como:

$$(E) = \frac{1}{N}\int n(E)Ee^{-\beta E}dE$$

em que $\beta = (kT)^{-1}$, sendo k a constante de Boltzmann, $n(E)$ a função de distribuição de densidade e N uma constante dada por:

$$N = \int n(E)e^{-\beta E}dE$$

No caso do gás ideal, a função de distribuição de densidade é valorada como $n(E) = E^{\frac{1}{2}}$, o que conduz ao cálculo da constante N:

$$N = \int E^{\frac{1}{2}} e^{-\beta E}dE = \frac{\Gamma\left(\frac{3}{2}\right)}{2\beta^{\frac{3}{2}}} = \frac{\sqrt{\pi}}{2\beta^{\frac{3}{2}}}$$

Com esse resultado, é possível calcular a média de energia:

$$(E) = \frac{2\beta^{\frac{3}{2}}}{\sqrt{\pi}} \int E^{\frac{3}{2}} e^{-\beta E}dE = \frac{2\beta^{\frac{3}{2}}}{\sqrt{\pi}} \frac{\Gamma\left(\frac{5}{2}\right)}{\beta^{\frac{5}{2}}} = \frac{3}{2}kT$$

a qual corresponde ao valor da energia cinética média por molécula de um gás.

4.1.1 Função beta

Uma função muito importante a ser estudada é a função beta, construída com funções gama na seguinte forma:

$$B(r, s) = \frac{\Gamma(r)\Gamma(s)}{\Gamma(r+s)} = \int_0^1 t^{r-1}(1-t)^{s-1}dt$$

em que *r* e *s* são números complexos com a parte real positiva, a qual é simétrica. Essa função representou a primeira amplitude de dispersão da teoria de cordas no cálculo veneziano.

4.1.2 Aproximação de Stirling

Nesta seção, retomaremos a mecânica estatística. Isso porque precisamos ter o limite *lnn!* para valores muito grandes, sendo *n* o número de partículas do sistema.

Assim, considerando a forma específica da função gama para calcular o fatorial, temos:

$$n! = \int_0^\infty x^n e^{-x} dx = n! = \int_0^\infty e^{n \ln x} e^{-x} dx$$

Fazendo a mudança de variáveis $x = ny$:

$$n! = n e^{n \ln n} \int_0^\infty e^{n(\ln y - y)} dy$$

Pelo método de Laplace, que consiste em usar a série de Taylor para a função $F(y) = \ln y - y$ e transformar a integral em uma gaussiana para $n \to \infty$, temos que a integral tem o resultado aproximado, utilizando apenas o termo de primeira ordem:

$$\int_0^\infty e^{n(\ln y - y)} dy = \sqrt{\frac{2\pi}{n}} e^{-n}$$

Disso decorre a fórmula de Stirling:

$$n! \approx n e^{n \ln n} \sqrt{\frac{2\pi}{n}} e^{-n} = \sqrt{2\pi n} \left(\frac{n}{e}\right)^n$$

Indicações culturais

Para acompanhar na prática como a aproximação de Stirling funciona, acesse:

FERNANDEZ, R. C. **Reunião PPAG**: 1 simulação do número de Stirling. 31 mar. 2019. Disponível em: <https://rpubs.com/Rafael_Fernandez/reuniao>. Acesso em: 17 jul. 2023.

Para entender em que consiste o método de Laplace utilizado nesta obra, acesse:

NEMES, G. An Explicit Formula for the Coefficients in Laplace's Method. **Constructive Approximation**, v. 38, n. 3, p. 471-487, 2013. Disponível em: <https://arxiv.org/pdf/1207.5222.pdf>. Acesso em: 17 jul. 2023.

4.2 Função de Bessel

As funções de Bessel surgem em diversos problemas da física, a saber, na solução da onda de Helmholtz em coordenadas cilíndricas, no problema de dois corpos perturbativo, entre outros. Nesta seção, portanto, estabeleceremos alguns tipos e características dessas funções.

As funções de Bessel do primeiro tipo aparecem no contexto da solução de uma EDO, pelo método de Frobenius com série de potências, e é obtida da seguinte forma:

$$\left[x^2 \frac{d^2}{dx^2} + x\frac{d}{dx} + (x^2 - v^2)\right] J_v(x) = 0$$

Elas são nominadas *de primeiro tipo* para v inteiros regulares em $x = 0$.

Nessa ótica, podemos introduzir a função geradora da função de Bessel:

$$g(x,t) = e^{\frac{x}{2}\left(t-\frac{1}{t}\right)} = e^{\frac{xt}{2}} e^{-\frac{x}{2t}} = \sum_{n=-\infty}^{\infty} J_n(x) t^n$$

sendo esta uma série de Laurent. Logo, para encontrar a recorrência, basta reescrever as funções como:

$$g(x,t) = \sum_{p=0}^{\infty} \frac{t^p}{p!}\left(\frac{x}{2}\right)^p \cdot \sum_{q=0}^{\infty} \frac{(-1)^q}{q!}\left(\frac{x}{2}\right)^q t^{-q} = \sum_{\substack{p=0 \\ q=0}} \frac{(-1)^q}{p!q!}\left(\frac{x}{2}\right)^{p+q} t^{(p-q)}$$

Alterando o índice dos somatórios para $n = p - q$, obtemos:

$$g(x,t) = \sum_{n=-\infty}^{\infty} \left[\sum_q \frac{(-1)^q}{(n+q)!q!}\left(\frac{x}{2}\right)^{n+2q}\right] t^n$$

Comparando:

$$J_n(x) = \sum_{q=0}^{\infty} \frac{(-1)^q}{(n+q)!q!}\left(\frac{x}{2}\right)^{n+2q}$$

Uma propriedade interessante surge quando mudamos para $-n$:

$$J_{-n}(x) = (-1)^n J_n(x)$$

Ressaltamos que tanto $J_n(x)$ quanto $J_{-n}(x)$ são soluções da EDO de Bessel, e uma é linearmente dependente da outra. A generalização da função de Bessel para ν não inteiro é:

$$J_\nu(x) = \sum_{q=0}^{\infty} \frac{(-1)^q}{\Gamma(\nu+q+)q!} \left(\frac{x}{2}\right)^{\nu+2q}$$

que pode ser encontrada resolvendo a EDO de Bessel pelo método de Frobenius. Nesse caso, há uma condição de independência entre $J_\nu(x)$ e $J_{-\nu}(x)$. A solução geral da EDO de Bessel consiste, assim, em uma combinação linear:

$$y(x) = C_1 J_{-\nu}(x) + C_2 J_\nu(x)$$

cuja representação gráfica pode ser vista na Figura 4.2:

Figura 4.2 – Representação gráfica da função de Bessel

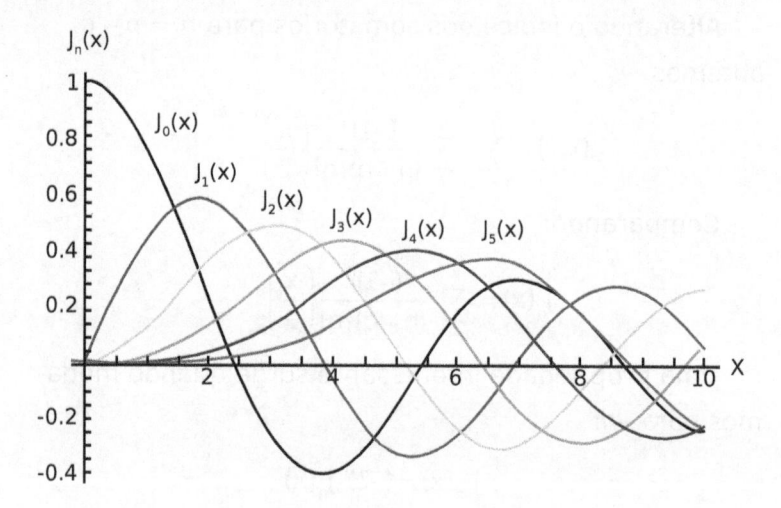

Fonte: Wolfram Mathworld, 2023a.

4.2.1 Algumas propriedades

Para encontrar certas fórmulas básicas de recorrência e compreender algumas questões a respeito da independência linear, é necessário derivar a função geradora em relação a seus parâmetros. Desse modo, podemos encontrar as seguintes fórmulas:

$$J_{n-1}(x) + J_{n+1}(x) = \frac{2n}{x} J_n(x)$$

$$J_{n-1}(x) - J_{n+1}(x) = 2\frac{d}{dx} J_n(x)$$

Com base nelas, é possível chegar a mais algumas relações importantes:

$$\frac{d}{dx}\left(x^n J_n(x)\right) = x^n J_{n-1}(x)$$

$$\frac{d}{dx}\left(x^{-n} J_n(x)\right) = -x^{-n} J_{n+1}(x)$$

$$J_n(x) = \pm \frac{d}{dx} J_{n\pm 1} + \frac{n \pm 1}{x} J_{n\pm 1}(x)$$

Mãos à obra

Use as relações de recorrência:

$$J_{n-1}(x) + J_{n+1}(x) = \frac{2n}{x} J_n(x)$$

$$J_{n-1}(x) - J_{n+1}(x) = 2\frac{d}{dx} J_n(x)$$

para encontrar mais algumas relações importantes:

a) $\dfrac{d}{dx}\left(x^n J_n(x)\right) = x^n J_{n-1}(x)$

b) $\dfrac{d}{dx}\left(x^{-n} J_n(x)\right) = -x^{-n} J_{n+1}(x)$

c) $J_n'(x) = \pm \dfrac{d}{dx} J_{n\pm 1} + \dfrac{n \pm 1}{x} J_{n\pm 1}(x)$

Resolução

a) $\dfrac{d}{dx}\left(x^n J_n(x)\right) = nx^{n-1} J_n(x) + x^n J_n'(x) = x^n \left\{ \dfrac{n J_n(x)}{x} + J_n'(x) \right\}$

Podemos usar diretamente as relações dentro das chaves:

$$\dfrac{d}{dx}\left(x^n J_n(x)\right) = \dfrac{x^n}{2}\left\{ J_{n-1}(x) + J_{n+1}(x) + J_{n-1}(x) - J_{n+1}(x) \right\}$$

$$\dfrac{d}{dx}\left(x^n J_n(x)\right) = x^n J_{n-1}(x)$$

b) $\dfrac{d}{dx}\left(x^{-n} J_n(x)\right) = -nx^{-n-1} J_n(x) + x^{-n} J_n'(x) = x^{-n}\left\{ -\dfrac{n J_n(x)}{x} + J_n'(x) \right\}$

Usando diretamente as relações dentro das chaves:

$$\dfrac{d}{dx}\left(x^{-n} J_n(x)\right) = x^{-n}\left\{ -J_{n-1}(x) - J_{n+1}(x) + J_{n-1}(x) - J_{n+1}(x) \right\}$$

$$\dfrac{d}{dx}\left(x^{-n} J_n(x)\right) = -x^{-n} J_{n+1}(x)$$

c) Nesse caso, precisamos promover uma mudança nos índices de n para $n+1$ nas equações que seguem:

$$J_{n-1}(x) - J_{n+1}(x) = 2\dfrac{d}{dx} J_n(x) \rightarrow J_n(x) - J_{n+2}(x) = 2\dfrac{d}{dx} J_{n+1}(x)$$

$$J_{n-1}(x) + J_{n+1}(x) = \dfrac{2n}{x} J_n(x) \rightarrow J_n(x) + J_{n+2}(x) = \dfrac{2(n+1)}{x} J_{n+1}(x)$$

Somando as equações, obtemos:

$$J_n(x) = J'_{n+1}(x) + \frac{(n+1)}{x} J_{n+1}(x)$$

Para a outra relação, realizamos a mudança nos índices de n para $n-1$:

$$J_{n-2}(x) - J_n(x) = 2\frac{d}{dx} J_{n-1}(x)$$

$$J_{n-2}(x) + J_n(x) = \frac{2(n-1)}{x} J_{n-1}(x)$$

Subtraindo as equações:

$$J_n(x) = -J'_{n-1}(x) + \frac{(n-1)}{x} J_{n-1}(x)$$

Outra equação importante usada nos cálculos se refere à relação da função de Bessel $J_n(x)$ com a função de Bessel $J_0(x)$:

$$J_n(x) = (-1)^n x^n \left[\left(\frac{1}{x} \frac{d}{dx} \right)^n J_0(x) \right]$$

Com todas essas propriedades, calcularemos a ortogonalidade das funções de Bessel. Para isso, precisamos reescrever a EDO de Bessel no estilo Sturm-Liouville:

$$x \frac{d}{dx} \left(x \frac{dJ_v}{dx} \right) + \left(x^2 - v^2 \right) J_v = 0$$

É necessário introduzir uma nova variável $x = at$, em que a é uma constante, sendo $J_v(a) = 0$. Para facilitar a notação carregada, definimos:

$$u(t) = J_v(at) \rightarrow u(1) = 0$$

A EDO de Bessel fica assim:

$$t\frac{d}{dt}\left(t\frac{du}{dt}\right) + \left((at)^2 - v^2\right)u = 0$$

Então, estabelecemos outra função:

$$v(t) = J_v(bt)$$

por meio da qual podemos gerar a EDO de Bessel:

$$t\frac{d}{dt}\left(t\frac{dv}{dt}\right) + \left((bt)^2 - v^2\right)v = 0$$

Por meio dessas duas equações (multiplicamos a EDO para *v* por *u*, depois para *u* por *v*, e subtraímos ambas), temos:

$$v(t)\frac{d}{dt}\left(t\frac{du}{dt}\right) - u(t)\frac{d}{dt}\left(t\frac{du}{dt}\right) + \left(a^2 - b^2\right)t\,u(t)\cdot v(t) = 0$$

Combinando as derivadas:

$$\frac{d}{dt}\left[t\left(v(t)\frac{du}{dt} - u(t)\frac{dv}{dt}\right)\right] + \left(a^2 - b^2\right)t\,u(t)\cdot v(t) = 0$$

Agora, integrando no intervalo *[0, 1]*:

$$\left[t\left(v(t)\frac{du}{dt} - u(t)\frac{dv}{dt}\right)\right]_0^1 + \left(a^2 - b^2\right)\int_0^1 t\,u(t)\cdot v(t)dt = 0$$

Graças à característica das funções u(1) = v(1) = 0, o primeiro termo desaparece, o que leva ao resultado da integral para *a* ≠ *b*:

$$\int_0^1 t\,u(t)\cdot v(t)dt = 0$$

Considerando a relação entre tais funções e a função de Bessel:

$$\int_0^1 t\,J_v(at)J_v(bt)dt = 0$$

Para a = b, devemos calcular o valor do produto interno com o peso estabelecido, fazendo uso das propriedades relacionadas:

$$\int_0^1 t\left(J_v(at)\right)^2 dt = \frac{1}{2}\left(\frac{dJ_v}{dt}\bigg|_{x=a}\right)^2 = \frac{1}{2}J_{v-1}^2(a) = \frac{1}{2}J_{v+1}^2(a)$$

Conhecendo as condições de ortogonalidade, torna-se possível definir a série de Bessel:

$$f(x) = \sum_m a_m J_v\left(c_{mv} x\right)$$

cujos coeficientes são dados por:

$$a_m = \frac{2}{J_{v+1}^2(a)} \int_0^1 x f(x) J_v\left(c_{mv} x\right) dx$$

Frisamos que as equações de Sturm-Liouville são fundamentais porque têm uma propriedade de ortogonalidade. Isso permite que determinada função definida em um intervalo adequado e com limite apropriado seja escrita como uma combinação linear das soluções das equações de Sturm-Liouville, em que cada coeficiente pode ser obtido simplesmente por meio de uma integral.

Para finalizar, também existem as funções de Bessel de segundo tipo (ou segunda ordem), estabelecidas da seguinte maneira:

$$Y_n(z) = \frac{J_n(z)\cos(n\pi) - J_{-n}(z)}{\text{sen}(n\pi)}$$

Figura 4.3 – Representação gráfica da função de Bessel de segundo tipo

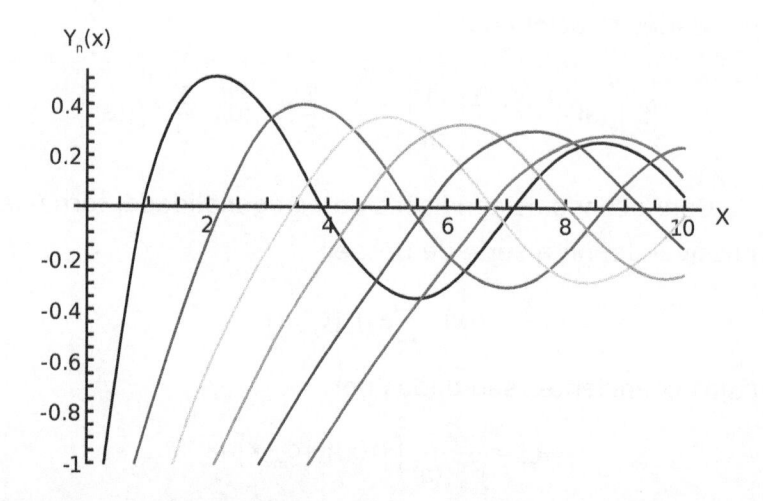

Fonte: Wolfram Mathworld, 2023b.

4.3 Funções de Legendre

As funções de Legendre são muito importantes na física e surgem no contexto das equações de Helmholtz (para forças centrais) e da equação de Schröedinger em coordenadas esféricas.

Essa função é decorrente da solução da EDO de Legendre:

$$\left(1-x^2\right)\frac{d^2P_n(x)}{dx^2} - 2x\frac{dP_n(x)}{dx} + n(n+1)P_n(x) = 0$$

a qual pode ser escrita na forma de Sturm-Liouville:

$$\frac{d}{dx}\left[\left(1-x^2\right)\frac{d}{dx}\right]P_n(x) = n(n+1)P_n(x)$$

A equação anterior apresenta pontos singulares em x = 1 e para x → ∞. Outra maneira de encontrar as funções de Legendre é por meio da função geradora a seguir:

$$g(x,t) = \frac{1}{\sqrt{1-2xt+t^2}} = \sum_{n=0}^{\infty} P_n(x)t^n$$

É possível desenvolver essa função geradora pela fórmula do binômio:

$$(1-2xt+t^2)^{-\frac{1}{2}} = (1-t(2x-t))^{-\frac{1}{2}} =$$

$$= 1 + \frac{1}{2}t(2x-t) + \frac{1\cdot 3}{2^2\cdot 2}t^2(2x-t)^2 + \cdots +$$

$$\frac{1\cdot 3\cdot 5 \cdots (2n-1)}{2^n n!}t^n(2x-t)^n$$

sendo esta válida para valores de *x* e *r* entre –1 e 1. Ordenando os termos proporcionais a t^n, obtemos o polinômio de Legendre:

$$P_0(x) = 1, \quad P_1(x) = x, \quad P_2(x) = \frac{1}{2}(3x^2 - 1) \ldots$$

Pela expansão da função, abrindo todos os termos e arrumando-os de maneira adequada, temos:

$$P_n(x) = \frac{1\cdot 3\cdot 5 \cdots (2l-1)}{n!}\left(x^n - \frac{n(n-1)}{2(2n-1)}x^{n-2} + \frac{n(n-1)(n-2)(n-3)}{2\cdot 4\cdot (2n-1)(2n-3)}x^{n-4} + \cdots \right)$$

Uma forma prática de obter os polinômios de Legendre é mediante a fórmula de Rodrigues, dada por:

$$P_n(x) = \frac{1}{2^n n!}\frac{d^n}{dx^n}\left((x^2-1)^n\right)$$

Tabela 4.1 – Polinômios de Legendre

n	$P_n(x)$
0	1
1	x
2	$\frac{1}{2}(3x^2 - 1)$
3	$\frac{1}{2}(5x^3 + 3x)$
4	$\frac{1}{8}(35x^4 - 30x^2 + 3)$
5	$\frac{1}{8}(63x^5 - 70x^3 + 15x)$
6	$\frac{1}{16}(231x^6 - 315x^4 + 105x^2 - 5)$
7	$\frac{1}{16}(429x^7 - 693x^5 + 315x^3 - 35x)$
8	$\frac{1}{128}(6435x^8 - 12012x^6 + 6930x^4 - 1260x^2 + 35)$
9	$\frac{1}{128}(12155x^9 - 25740x^7 + 18018x^5 - 4620x^3 + 315x)$
10	$\frac{1}{256}(46189x^{10} - 109395x^8 + 90090x^6 - 30030x^4 + 3465x^2 - 63)$

Com a fórmula de Rodrigues, fica simples deduzir as relações que seguem:

$$P'_{n+1}(x) = (2n+1)P_n(x) + P'_{n-1}(x)$$

$$P'_{n+1}(x) = xP'_n(x) + (n+1)P_n(x)$$

$$nP_n(x) = xP'_n(x) - P'_{n-1}(x)$$

$$(n+1)P_{n+1}(x) = (2n+1)xP_n(x) - nP_{n-1}(x)$$

$$P_n(1) = 1$$

$$P_n(-1) = (-1)^n$$

Essas relações são largamente utilizadas no contexto dos polinômios de Legendre. Salientamos que, aqui, utilizamos a notação $\dfrac{dP}{dx} = P'$.

Por sua vez, com relação à ortogonalidade, com o apoio da teoria de Sturm-Liouville – a exemplo do que fizemos com as funções de Bessel –, é fácil demonstrar que para $m \neq n$:

$$\int_{-1}^{1} P_n(x)P_m(x)dx = 0$$

Considerando que, nos extremos, a função se anula. Para funções com $n = m$, recorreremos ao cálculo da integral por integração por partes, assim:

$$\int_{-1}^{1} P_n(x)P'_{n+1}(x)dx = \left(P_n(x)P_{n+1}(x)\right)\Big|_{-1}^{1} - \int_{-1}^{1} P_{n+1}(x)P'_n(x)dx$$

Usando $P_n(-1) = (-1)^n$ e $P_n(1) = 1$, conseguimos calcular:

$$\left(P_n(x)P_{n+1}(x)\right)\Big|_{-1}^{1} = 1 + (-1)^{2n} = 2$$

A integral $\int_{-1}^{1} P_{n+1}(x)P'_n(x)dx = 0$, pois $P'_n(x)$ consiste em um polinômio de grau $n-1$ e se encaixa na prova da ortogonalidade. Em seguida, temos de calcular a integral restante, com base em uma das propriedades recém-relatadas:

$$\int_{-1}^{1} P_n(x) P'_{n+1}(x)dx = 2 = \int_{-1}^{1} P_n(x)\{(2n+1)P_n(x) + P'_{n-1}(x)\}dx =$$

$$(2n+1)\int_{-1}^{1} P_n^2(x)dx$$

Uma das integrais é nula porque a função $P'_{n-1}(x)$ é um polinômio de grau $n-2$. Sendo assim, pela delta de Kronecker, podemos escrever o resultado de forma abrangente como:

$$\int_{-1}^{1} P_n(x) P_m(x)dx = \frac{2}{2n+1}\delta_{nm}$$

4.3.1 Série de Legendre

De todas as funções especiais usadas como base para expansões, os polinômios de Legendre são os mais comuns, uma vez que proporcionam diversas soluções de equações diferenciais em coordenadas esféricas. É possível escrever uma função $f(x)$ definida em um intervalo $[-1, 1]$ deste modo:

$$f(x) = \sum_{n=0}^{\infty} a_n P_n(x)$$

cujos coeficientes podem ser calculados com base na relação de ortogonalidade, multiplicando ambos os lados por P_m e integrando no intervalo correspondente:

$$\int_{-1}^{1} f(x)P_m(x)dx = \sum_{n=0}^{\infty} a_n \int_{-1}^{1} P_n(x)P_m(x)dx = a_n \frac{2}{2n+1}$$

que são:

$$a_n = \frac{2n+1}{2}\int_{-1}^{1} f(x)P_m(x)dx$$

Uma solução bastante conhecida em diversas áreas da física é a da equação de Laplace, dada em coordenadas polares sem dependência azimutal (m = 0):

$$\Psi(r,\theta) = \sum_{l=0}^{\infty}\left(A_l r^l + B_l r^{-l-1}\right)P_l(\cos\theta)$$

Em virtude de algumas condições físicas de contorno, o problema é restringido para dentro ou fora de uma esfera limite. Tomando a função finita, a solução se torna, simplesmente:

$$\Psi(r,\theta) = \sum_{l=0}^{\infty}\left(A_l r^l\right)P_l(\cos\theta), \text{ para } r \leq R_{limite}$$

$$\Psi(r,\theta) = \sum_{l=0}^{\infty}\left(B_l r^{-l-1}\right)P_l(\cos\theta), \text{ para } r \geq R_{limite}$$

As condições de contorno provenientes da análise física devem sempre ser levadas em consideração, pois tal modelagem matemática, embora seja bastante elegante, não descreve puramente o fenômeno de forma satisfatória.

Mãos à obra

Uma esfera de raio r_0 é inserida em um campo elétrico constante e uniforme E_0 na direção z (considere a esfera condutora). Mostre que a carga induzida de superfície é $\sigma = 3\epsilon_0 E_0 \cos\theta$ e que o momento dipolar elétrico induzido é $P = 4\pi r_0^3 \epsilon_0 E_0$.

Para resolver esse exercício, você precisará da densidade de cargas $\sigma = -\epsilon \dfrac{\partial V}{\partial r}$ e do momento dipolar induzido fora da esfera $P_{ext} = \dfrac{\cos\theta}{4\pi\epsilon_0 r^2}$.

O potencial que é a solução da equação de Laplace é descrito como:

$$V(r,\cos\theta) = a_0 + \sum_{n=1}^{\infty}\left(a_n r^n + \dfrac{b_n}{r^{n+1}}\right)P_n(\cos\theta)$$

Primeiramente, analisemos o potencial. Para isso, desconsideramos o termo potencial $a_0 = 0$ para se ter um referencial. Em grandes distâncias, o potencial é dado por $V = -E_0 z = -E_0 r\cos\theta$. Recorrendo à tabela dos polinômios de Legendre, notamos que $V = -E_0 r P_1(\cos\theta)$; logo, temos o valor da componente $a_1 = -E_0$, sendo as outras componentes nulas (pense sempre no limite $r \to \infty$ como prerrogativa física). Os termos b_n não podem ser calculados nesse limite, pois acompanham termos que, a grandes distâncias, tendem a zero.

A condição de a esfera ser equipotencial indica que todos os termos b_n – exceto b_1 – são nulos. Na superfície, pela condição de contorno:

$$\underbrace{a_1}_{-E_0} r_0 + \dfrac{b_1}{r_0^2} = 0 \to b_1 = E_0 r_0^3$$

Temos, então, o potencial:

$$V = E_0\left(\dfrac{r_0^3}{r^2} - r\right)\cos\theta$$

Quando lidamos com eletromagnetismo e funções especiais, precisamos retomar as condições de contorno associadas ao fenômeno. Agora, fica simples derivar a densidade superficial:

$$\sigma = -\epsilon_0 E_0 \frac{\partial}{\partial r}\left[\left(\frac{r_0^3}{r^2} - r\right)\cos\theta\right] = 3\epsilon_0 E_0 \cos\theta$$

E analisar o coeficiente da série, que corresponde a:

$$\frac{\cos\theta}{4\pi\epsilon_0 r^2} \rightarrow 4\pi\epsilon_0 b_1 = 4\pi\epsilon_0 \left(E_0 r_0^3\right)$$

4.3.2 Polinômio de Legendre associado

Depois dessa análise sobre os polinômios de Legendre, é fundamental estender o conceito para estabelecermos o polinômio generalizado. Observe a EDO:

$$(1-x^2)\frac{d^2y}{dx^2} - 2x\frac{dy}{dx} + \left(\lambda - \frac{m^2}{1-x^2}\right)y = 0$$

Essa EDO também é chamada de *equação associada de Legendre*. Perceba que há problemas no denominador que acompanha a constante *m*. A EDO de Legendre é obtida com m → 0 e costuma surgir na solução de problemas clássicos da física, por exemplo, na equação diferencial parcial (EDP) de Laplace (e em algumas generalizações) e na equação de Schröedinger, quando fazemos o processo de separação de variáveis. O fator problemático sugere uma mudança conveniente:

$$y(x) = (1-x^2)^{\frac{m}{2}} P(x)$$

o qual gera, na EDO anterior, um resultado conhecido:

$$\left(1-x^2\right)\frac{d^2P}{dx^2} - 2x\frac{dP}{dx} + \left(\lambda - m(m+1)\right)y = 0$$

Ao realizarmos outra troca de variáveis conveniente:

$$u = \frac{d^m P}{dx^m}$$

A EDO se transforma em:

$$\left(1-x^2\right)\frac{d^2u}{dx^2} - 2x(m+1)\frac{du}{dx} + \left(l(l+1) - m(m+1)\right)u = 0$$

Comparada à anterior, essa EDO é idêntica, com o fator $\lambda = l(l-1)$. Juntando todas as relações apresentadas (quase uma engenharia reversa), podemos escrever o polinômio associado de Legendre $y(x) = P_l^m(x)$ como:

$$P_l^m(x) = (-1)^m \left(1-x^2\right)^{\frac{m}{2}} \frac{d^m}{dx^m} P_l(x)$$

Esclarecemos que mobilizamos o termo $(-1)^m$ por questões de convergência do polinômio. Assim, verificamos que os polinômios originais de Legendre são obtidos quando $m = 0$. Utilizando a fórmula de Rodrigues na equação anterior, obtemos:

$$P_l^m(x) = (-1)^m \frac{\left(1-x^2\right)^{\frac{m}{2}}}{2^l l!} \frac{d^{m+l}}{dx^{m+l}}\left(x^2-1\right)^l$$

Realizando a derivada a equação passa a ser esta:

$$P_l^{-m}(x) = (-1)^m \frac{(l-m)!}{(l+n)!} P_l^m(x)$$

a qual mostra a proporcionalidade entre as funções associadas. Com essa relação, conseguimos entender os resultados para m < 0.

Depois dessa definição, podemos apresentar a função geratriz dos polinômios associados como sendo:

$$g_m(x,t) = \frac{(2m)!(1-x^2)^{m/2}}{2^m m!(1+2xt+t^2)^{m+1/2}} = \sum_{s=0}^{\infty} P_{s+m}^m(x) t^s$$

A dedução é facilitada porque, como conhecemos a geratriz dos polinômios originais, podemos recorrer à fórmula.

Com relação à ortogonalidade, existe um processo semelhante ao do caso dos polinômios originais, em que utilizamos relações entre os polinômios de diferentes índices. As relações de recorrência importantes para os polinômios associados são as seguintes:

$$P_l^{m+1}(x) = \frac{2}{\sqrt{1-x^2}} P_l^m(x) - \bigl(l(l-1) - m(m-1)\bigr) P_l^{m-1}(x)$$

$$P_{l+1}^{m+1}(x) = (2l+1)\sqrt{1-x^2} P_l^m(x) - P_{l-1}^{m+1}(x)$$

$$(2l+1)\sqrt{1-x^2} P_l^m(x) =$$
$$= (l+m)(l+m-1) P_{l-1}^{m-1}(x) - (l-m+1)(l-m+2) P_{l+1}^{m-1}(x)$$

$$(2l+1) x P_l^m(x) = (l+m) P_l^m(x) - (l-m+1) P_{l+1}^m(x)$$

$$2\sqrt{1-x^2} \frac{dP_l^{m+1}(x)}{dx} = P_l^{m+1}(x) - (l+m)(l-m+1) P_l^{m-1}(x)$$

Elas podem ser deduzidas com a fórmula de Rodrigues ou com as recorrências dos polinômios originais. A ortogonalidade dos polinômios associados para um *m* fixo é dada por:

$$\int_{-1}^{1} P_k^m(x) P_l^m(x) dx = \frac{2}{(2l+1)} \frac{(k+l)!}{(k-l)!} \delta_{kl}$$

O procedimento para o outro índice fixo passa por uma questão específica na EDO: a inclusão do peso no produto interno:

$$\int_{-1}^{1} P_l^m(x) P_l^n(x) \frac{1}{(1-x^2)} dx = \frac{1}{m} \frac{(l+m)!}{(l-m)!} \delta_{mn}$$

4.4 Momento angular e harmônicos esféricos

No subcapítulo anterior, tratamos dos polinômios de Legendre e de algumas propriedades dessa função especial. Entretanto, embora estejamos estudando essas funções especiais, nesta seção analisaremos uma aplicação de muita importância para o físico. A esse respeito, abordaremos os harmônicos esféricos e faremos os cálculos de momento angular na mecânica quântica.

Os harmônicos esféricos são denominados *funções harmônicas particulares*, e são assim definidas porque apresentam o laplaciano nulo. São extremamente úteis para a resolução de problemas que envolvem a invariância por rotação.

Detalharemos essa função fazendo uma digressão importante na física: a equação de Poisson com potencial $\frac{1}{r}$:

$$\nabla^2 U(\vec{r}) = -4\pi k \rho(\vec{r})$$

Essa equação representa tanto a gravitação quanto o eletromagnetismo. A densidade ρ pode corresponder a uma densidade de cargas ou, então, a uma distribuição de matéria, e a constante k também depende da teoria em questão. A solução da equação é:

$$U(\vec{r}) = U_0(\vec{r}) - k \int_C \frac{\rho(\vec{r}\,')}{|\vec{r} - \vec{r}\,'|} d^3\vec{r}\,'$$

em que $U_0(\vec{r})$ consiste na solução particular do laplaciano $\left(\nabla^2 U_0(\vec{r}) = 0\right)$ e o segundo termo é obtido a partir da função de Green do laplaciano, para uma densidade específica localizada em $\vec{r}\,'$ de um corpo C. Após um exercício necessário, a equação de Laplace em coordenadas esféricas é dada por:

$$\frac{1}{r}\frac{\partial^2}{\partial r^2}(U_0) + \frac{1}{r^2 \text{sen}\theta}\frac{\partial}{\partial \theta}\left(\text{sen}\theta \frac{\partial}{\partial \theta} U_0\right) + \frac{1}{r^2 \text{sen}^2\theta}\frac{\partial^2}{\partial \phi^2} U_0 = 0$$

As coordenadas angulares são $0 \leq \phi \leq 2\pi$ e $0 \leq \theta \leq \pi$. O caminho da solução da EDP diz respeito à separação de variáveis:

$$U_0(r, \theta, \phi) = \frac{R(r)}{r} \sim (\theta)\phi(\phi)$$

Com isso, dividimos a equação em três equações independentes, estudadas nos cursos de cálculo – aqui omitidas. A solução azimutal é dada por:

$$\Phi(\phi) = e^{\pm im\phi}$$

sendo m inteiro. A solução radial é obtida pelo seguinte cálculo:

$$R(r) = A r^l + B r^{l+1}$$

E a equação polar:

$$\frac{1}{\Theta \operatorname{sen}\theta} \frac{d}{d\theta}\left(\operatorname{sen}\theta \frac{d}{d\theta}\Theta\right) - \frac{m^2}{\operatorname{sen}^2\theta} = -l(l+1)$$

a qual corresponde à equação de Legendre associada. Reforçamos que $m \in [-l, -l+1, ..., 0, ..., l-1, l]$, sendo $l \in \mathbb{N}$ para uma solução finita. Os polinômios associados geram um espaço vetorial de funções L^2, ou seja, o qual existe e é finito. A solução polar pode ser alcançada pela combinação linear no espaço vetorial dos polinômios de Legendre associados:

$$\Theta(\cos\theta) = \sum_{l=0}^{\infty} F_m^l P_l^m (\cos\theta)$$

As componentes são dadas por uma normalização específica. Agora, retomando a solução geral, podemos escrever:

$$U_0(r, \theta, \phi) = \sum_{m=0}^{l} \sum_{l=0}^{\infty} \left(A_l r^{-(l+1)} + B_l r^l\right) \sqrt{\frac{2l+1}{4\pi} \frac{(l+m)!}{(l-m)!}} P_l^m(\cos\theta) e^i$$

Dentro dessa solução, estabelecemos os harmônicos esféricos para $m > 0$:

$$Y_{lm}(\theta,\phi) \equiv \sqrt{\frac{2l+1}{4\pi}\frac{(l+m)!}{(l-m)!}} P_l^m(\cos\theta) e^{im\phi}$$

Tais funções também são quadrados integráveis definidos sobre a esfera de raio unitário. A relação de ortonormalidade é dada por:

$$\int_0^{2\pi} d\phi \int_0^{\pi} \sen\theta d\theta Y_{ab}^*(\theta,\phi) Y_{lm}(\theta,\phi) = \delta_{al}\delta_{bm}$$

sendo $Y_{ab}^*(\theta,\phi)$ complexo conjugado. Já a série dos harmônicos esféricos é obtida por meio da seguinte equação:

$$F(\theta,\phi) = \sum_{l,m} A_{lm} Y_{lm}(\theta,\phi)$$

cujos coeficientes são dados por:

$$A_{lm} = \int_0^{2\pi} d\phi \int_0^{\pi} \sen\theta d\theta F(\theta,\phi) Y_{lm}^*(\theta,\phi)$$

A forma de tais coeficientes decorre da relação de ortogonalidade entre os harmônicos.

Por sua vez, para a série complexo-conjugada, basta tomar o complexo conjugado nas expressões anteriores:

$$F^*(\theta,\phi) = \sum_{l,m} A_{lm}^* Y_{lm}^*(\theta,\phi)$$

E seus coeficientes são dados por:

$$A_{lm}^* = \int_0^{2\pi} d\phi \int_0^{\pi} \sen\theta d\theta F^*(\theta,\phi) Y_{lm}(\theta,\phi)$$

Para finalizar, a solução para m < 0 é calculada pela seguinte equação:

$$Y_{l,-m}(\theta,\phi) = (-1)^m Y_{lm}^*(\theta,\phi)$$

Figura 4.4 – Representação gráfica do módulo quadrado dos harmônicos esféricos

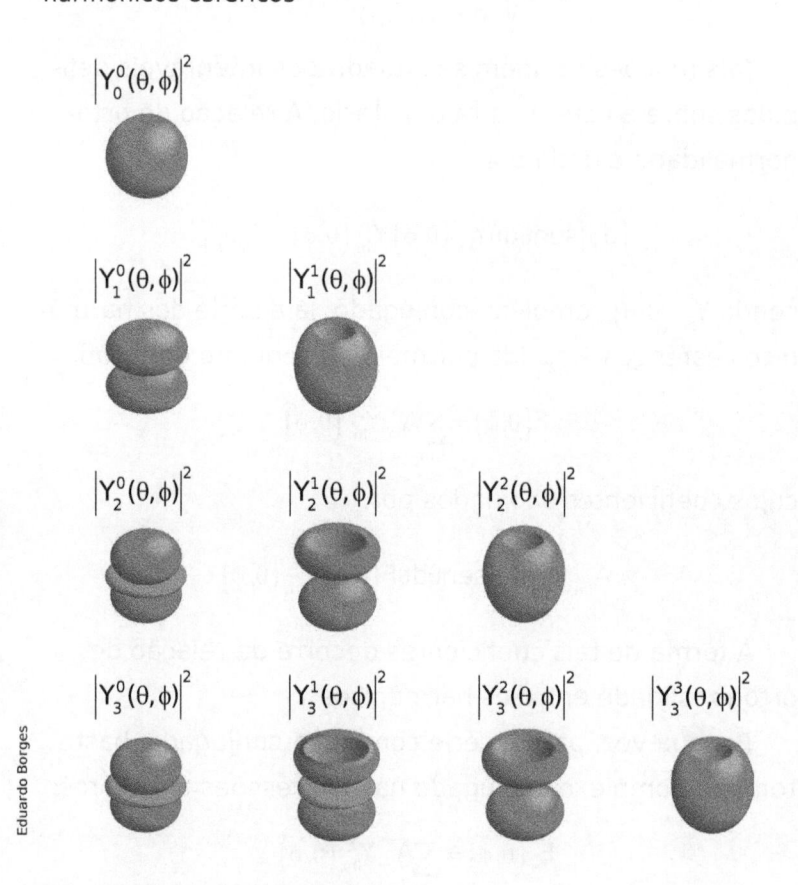

$|Y_0^0(\theta,\phi)|^2$

$|Y_1^0(\theta,\phi)|^2$ $|Y_1^1(\theta,\phi)|^2$

$|Y_2^0(\theta,\phi)|^2$ $|Y_2^1(\theta,\phi)|^2$ $|Y_2^2(\theta,\phi)|^2$

$|Y_3^0(\theta,\phi)|^2$ $|Y_3^1(\theta,\phi)|^2$ $|Y_3^2(\theta,\phi)|^2$ $|Y_3^3(\theta,\phi)|^2$

Fonte: Wolfram Mathworld, 2023f.

Algo interessante é o fato de que a "quantização" surge dos elementos matemáticos dos espaços vetoriais.

4.4.1 Solução de Laplace para a partícula pontual de massa *m*

Agora, exploraremos um exemplo interessante relacionado ao eletromagnetismo: a solução da equação de Laplace $\left(\nabla^2 U_0(\vec{r})=0\right)$ para uma partícula pontual de massa *m*, que é inversamente proporcional à distância. A proposta de solução com os elementos anteriores é a seguinte (para m > 0):

$$U_0(r,\theta,\phi) = \sum_{m=0}^{l} \sum_{l=0}^{\infty} \left(A_l r^{-(l+1)} + B_l r^l\right) Y_{lm}(\theta,\phi)$$

Como há simetria polar, ou seja, por rotações, os ângulos não têm importância, logo, l = 0, restando a solução:

$$U_0(r,\theta,\phi) = \sum_{m=0}^{0} \left(A_0 r^{-1} + B_0\right) Y_{0m}(\theta,\phi)$$

Por consequência, *m* também deve ser nulo:

$$U_0(r,\theta,\phi) = (A_0 r^{-1} + B_0) Y_{00}(\theta,\phi)$$

Considerando que o harmônico esférico é $Y_{00}(\theta,\phi) = \dfrac{1}{\sqrt{4\pi}}$, podemos absorver essa constante nos elementos A_0 e B_0, assim:

$$U_0(r,\theta,\phi) = (A_0 r^{-1} + B_0)$$

Contudo, $B_0 = 0$, pois o potencial no infinito é nulo $U(r \to \infty) = 0$. Portanto, assim chegamos ao valor do potencial esfericamente simétrico e inversamente proporcional à distância, como sabíamos de antemão:

$$U_0(r, \theta, \phi) = \frac{A_0}{r}$$

4.4.1.1 Propriedades dos harmônicos esféricos e álgebra de operadores

As propriedades dos harmônicos esféricos permitem construir uma álgebra de operadores, recurso muito útil na mecânica quântica. O operador energia cinética na mecânica quântica é dado por:

$$K = \frac{1}{M}\left(\frac{\partial^2}{\partial r^2} + \frac{2}{r}\frac{\partial}{\partial r}\right) - \frac{1}{2Mr^2}\left(\frac{1}{\text{sen}\theta}\frac{\partial}{\partial \theta}\left(\text{sen}\theta \frac{\partial}{\partial \theta}\right) + \frac{1}{\text{sen}\theta}\frac{\partial^2}{\partial \phi^2}\right)$$

em que M corresponde à massa da partícula, o primeiro termo se refere à energia cinética radial, e o segundo, à energia cinética angular, definindo L^2 como:

$$L^2 = \frac{1}{\text{sen}\theta}\frac{\partial}{\partial \theta}\left(\text{sen}\theta \frac{\partial}{\partial \theta}\right) + \frac{1}{\text{sen}\theta}\frac{\partial^2}{\partial \phi^2}$$

Essa notação é dada de modo compatível com o momento angular da forma de operadores:

$$\vec{L} = -i\vec{r} \times \nabla$$

o qual conduz a este operador:

$$\vec{L} = i\left(\hat{e}_\theta \frac{1}{\text{sen}\theta}\frac{\partial}{\partial \phi} - \hat{e}_\phi \frac{\partial}{\partial \theta}\right)$$

Retomando alguns conceitos da geometria analítica, estabelecemos L^2 como o produto escalar em coordenadas cartesianas:

$$\vec{L} \cdot \vec{L} = L^2 = L_x^2 + L_y^2 + L_z^2$$

Por fim, podemos escrever uma equação de autovalores para o operador L^2:

$$L^2 Y_\ell^m (\theta,\phi) = \ell(\ell+1) Y_\ell^m (\theta,\phi)$$

sendo os harmônicos esféricos as autofunções do operador momento angular L^2 com autovalores $\ell(\ell+1)$. A esse respeito, uma propriedade de grande auxílio no estudo do momento angular na mecânica quântica é a álgebra de operadores*:

$$\left[L_a, L_b\right] = i\epsilon_{abc} L_c$$

Em que a, b e c são índices que variam de 1 a 3 (1 para x, 2 para y e 3 para z), e o pseudotensor é chamado de *símbolo de Levi-Civita*:

$$\epsilon_{abc} = \begin{cases} +1, & \text{para combinações 123, 231 ou 312} \\ -1, & \text{para combinações 312, 132 ou 213} \\ 0, & \text{para } i = j, j = k \text{ ou } k = i \end{cases}$$

Para exemplificar o funcionamento dessa álgebra e como os momentos angulares se relacionam, façamos $a = 1$ e $b = 2$:

$$\left[L_1, L_2\right] = i\epsilon_{12c} L_c = i\epsilon_{123} L_3 \rightarrow \left[L_x, L_y\right] = iL_z$$

---

* O comutador é dado por $[a, b] = ab - ba$.

Duas relações de comutação importantes na mecânica quântica são as relações entre L^2 com a hamiltoniana H e com cada momento:

$$\left[L^2, L_a\right] = 0 \quad \left[L^2, H\right] = 0$$

Ambas significam que as quantidades podem ser medidas simultaneamente. Nesse sentido, surge um conjunto de autofunções simultâneas de H, L^2 e quaisquer componentes do momento angular. De acordo com a literatura da área, as componentes do momento angular são:

$$L_x = i\,\text{sen}\,\phi \frac{\partial}{\partial \theta} + i\cot\theta\cos\phi \frac{\partial}{\partial \phi}$$

$$L_y = -i\cos\phi \frac{\partial}{\partial \theta} + i\cot\theta\,\text{sen}\,\phi \frac{\partial}{\partial \phi}$$

$$L_z = -i\frac{\partial}{\partial \phi}$$

É simples notar que os harmônicos esféricos consistem em autofunções do momento angular na direção z. Selecionando o setor que depende de ϕ, concluímos que:

$$L_z\left[e^{im\phi}\right] = m\left[e^{im\phi}\right]$$

Isso prova a afirmação anterior, com o autovalor m.

Um artifício muito recorrente a partir do conhecimento dos operadores e das relações algébricas é a definição dos operadores de levantamento e abaixamento, estabelecidos por:

$$L_\pm = L_x \pm iL_y$$

Tal equação leva a uma relação de comutação importante, a qual estudaremos na sequência:

$$[L_z, L_\pm] = \pm L_\pm$$

Aplicando esse comutador em uma autofunção Ψ_l^m, com todos os requisitos necessários – ou seja, normalizada, autovalor λ_l para a aplicação de L^2 e m para o momento angular em z –, temos:

$$[L_z, L_\pm]\Psi_\ell^m = L_z(L_\pm \Psi_\ell^m) - L_\pm(L_z \Psi_\ell^m) = \pm (L_\pm \Psi_\ell^m)$$

Como $L_z \Psi_l^m = m\Psi_l^m$, podemos reescrever essa relação desta forma:

$$L_z(L_\pm \Psi_\ell^m) = (m \pm 1)(L_\pm \Psi_\ell^m)$$

Logo, concluímos que $L_\pm \Psi_\ell^m$ é uma autofunção do operador L_z com autovalor $(m \pm 1)$, indicando um "levantamento" ou um "abaixamento" no autovalor m – até mesmo dando nome aos operadores: L_+ é o operador levantamento, e L_-, o operador abaixamento. Como efeito das relações de comutação do momento L^2 com as componentes individuais, $[L^2, L_\pm] = 0$, chegamos a:

$$L^2(L_\pm \Psi_\ell^m) - L_\pm(L^2 \Psi_\ell^m) = 0 \rightarrow L^2(L_\pm \Psi_\ell^m) = \lambda_l(L_\pm \Psi_\ell^m)$$

sendo $(L_\pm \Psi_l^m)$ também autofunção de L^2. É fundamental compreender todas essas digressões envolvendo tais operadores. Assim, podemos encontrar autoestados com base em alguns já conhecidos, o que demonstra que toda a dinâmica é:

$$L_\pm \Psi_\ell^m = \sqrt{\lambda_\ell - m(m \pm 1)}\, \Psi_\ell^{m \pm 1}$$

que pode ser encontrado pelo cálculo dos produtos internos, feito com o auxílio das relações de comutação:

$$\langle \Psi_\ell^m | L_+ L_- | \Psi_\ell^m \rangle = \lambda_\ell - m(m-1)$$

$$\langle \Psi_\ell^m | L_- L_+ | \Psi_\ell^m \rangle = \lambda_\ell - m(m+1)$$

Sendo $\lambda_\ell = \ell(\ell + 1)$ o autovalor de L^2.

4.5 Funções de Hermite

Boa parte do entendimento dos conteúdos que apresentaremos neste subcapítulo decorre de necessidades especiais na mecânica quântica. As funções de Hermite, polinômios de Hermite ou polinômios hermitianos se relacionam ao estudo do oscilador harmônico quântico unidimensional. De fato, há vários exemplos lastreados pelo teorema de Sturm-Liouville, como vimos, até o ponto em que tal método se torna repetitivo. No entanto, é importante olhar para essa abordagem como um aprendizado de "novas funções", em que é preciso caracterizar e compreender determinadas propriedades.

A EDO de Hermite[*] surge quando estamos interessados nas soluções da equação de Schröedinger com potencial $V \sim x^2$ e é dada pela seguinte expressão:

$$\left(\frac{d^2}{dx^2} - 2x \frac{d}{dx} + 2n \right) H_n(x) = 0$$

---

[*] Usaremos a definição física, e não a utilizada na teoria das probabilidades.

sendo *n* um parâmetro. Tal expressão pode ser resolvida pelo método de Frobenius, por meio do qual escrevemos uma série de potências:

$$H(x) = \sum_{m=0}^{\infty} a_m x^m$$

Ao final, encontramos esta relação de recorrência:

$$a_{n+2} = \frac{2(m-n)}{(m+1)(m+2)} \quad \forall n \geq 0$$

Ela fornece a solução em termos de a_0 e a_1, uns pares e outros ímpares. Contudo, é necessário escrever essa EDO de modo que possamos utilizar o teorema de Sturm-Liouville, o que fazemos por meio de um fator integrante, desta forma:

$$\frac{d}{dx}\left(e^{-x^2}\frac{dH(x)}{dx}\right) + 2ne^{-x^2}H(x) = 0$$

Então, surge uma função-peso relevante para a definição de produto interno nesse espaço vetorial constituído, sobre o critério de hermiticidade do operador dado. Assim, com as técnicas referentes à problemática dos espaços vetoriais de funções e às técnicas para as funções de Bessel e Legendre, a relação de ortogonalidade dos polinômios de Hermite (já com a devida normalização) é obtida pela equação que segue:

$$\int_{-\infty}^{\infty} H_n(x)H_m(x)e^{-x^2}dx = 2^n n! \sqrt{\pi}\delta_{nm}$$

Da mesma forma que ocorre na EDO de Legendre, a função geratriz dos polinômios de Hermite representa uma forma adicional para obter os termos parametrizados por *n*:

$$\sum_{n=0}^{\infty} \frac{H_n(x)}{n!} t^n = e^{2xt-t^2}$$

Logo, surge cada termo dado. Para tanto, o modo mais recorrente é a fórmula de Rodrigues para os polinômios hermitianos, a mais rápida para o cálculo de cada termo:

$$H_n(x) = (-1)^n e^{x^2} \frac{d^n}{dx^n}\left(e^{-x^2}\right)$$

Tais polinômios são vistos nas formas algébricas (Tabela 4.2) e na representação gráfica (Figura 4.5):

Tabela 4.2 – Forma algébrica dos polinômios hermitianos

n	$H_n(x)$
0	1
1	$2x$
2	$4x^2 - 2$
3	$8x^3 - 12x$
4	$16x^4 - 48x^2 + 12$
5	$32x^5 - 160x^3 + 120x$

Figura 4.5 – Representação gráfica dos polinômios hermitianos

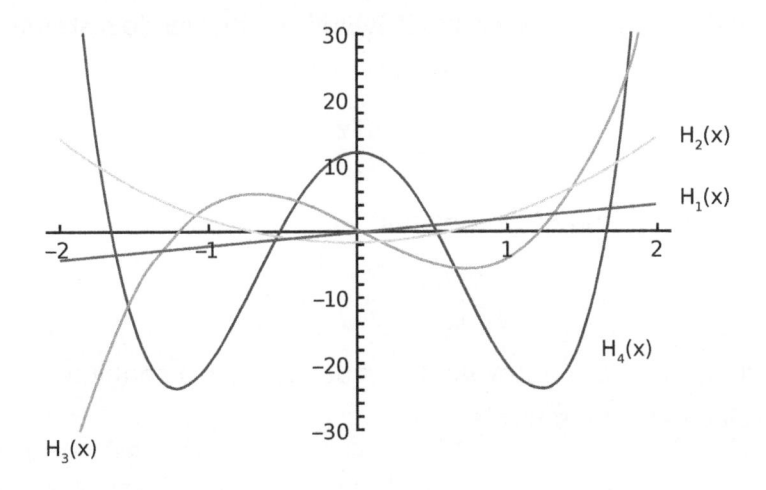

[Gráfico mostrando os polinômios $H_1(x)$, $H_2(x)$, $H_3(x)$ e $H_4(x)$ no intervalo de -2 a 2, com eixo y variando de -30 a 30.]

Fonte: Wolfram Mathworld, 2023e.

4.5.1 OHS quântico

Os autoestados do oscilador harmônico simples (OHS) são os polinômios de Hermite. Eles não são apenas utilizados em problemas elementares, mas também aplicados a estados vibracionais de moléculas, na física da matéria condensada. O OHS na mecânica quântica se dá por esta equação:

$$-\frac{\hbar^2}{2m}\frac{d^2\phi(x)}{dx^2} + \frac{k}{2}x^2\phi(x) = E\phi(x)$$

sendo m a massa, k a constante de Hooke, $\hbar$ a constante de Planck alterada e E o autovalor de energia do sistema oscilatório. Fazendo a mudança de variáveis:

$$x = \frac{\sqrt{\hbar}z}{\sqrt[4]{km}}$$

Temos uma EDO dada por:

$$-\frac{1}{2}\frac{d^2\phi(z)}{dz^2} + \frac{z^2}{2}\phi(z) = \lambda\phi(z)$$

em que λ é um autovalor da equação, com a seguinte relação com a energia:

$$\lambda = \frac{E}{\hbar}\sqrt{\frac{m}{k}}$$

A solução de tal equação é dada por:

$$\phi(x) = A_n e^{-\frac{(\beta x)^2}{2}} H_n(\beta x)$$

em que a constante β é assim obtida:

$$\beta = \frac{\sqrt{\hbar}}{\sqrt[4]{km}}$$

A constante de normalização é:

$$A_n = \sqrt{\frac{\beta}{\sqrt{2^n n!(\pi)^{1/2}}}}$$

E obtemos uma energia quantizada:

$$E_n = \left(n + \frac{1}{2}\right)\hbar\sqrt{\frac{k}{m}}$$

Aqui identificamos o autovalor λ_n como $\left(n + \frac{1}{2}\right)$, sendo n não negativo – escolha comum na literatura. Para esclarecer alguns dos autoestados do oscilador, recorreremos ao caso clássico de escrever a frequência angular de oscilação dada por $\omega = \sqrt{k/m}$, e a energia dada por:

$$E_n = \left(n + \frac{1}{2}\right)\hbar\omega$$

A energia do estado fundamental do oscilador harmônico é $\hbar\omega/2$. As autofunções estão representadas na Figura 4.6:

Figura 4.6 – Os primeiros oito autoestados do oscilador harmônico em 1D

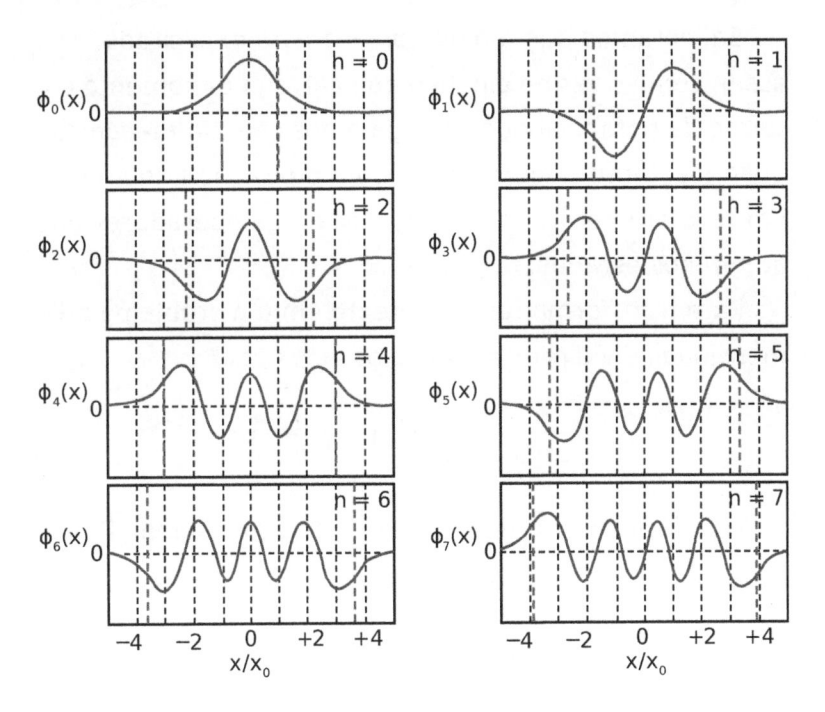

Fonte: Bindilatti, 2004.

Assim como nos harmônicos esféricos, aqui também podemos analisar tudo em função de operadores quânticos – nesse caso, os operadores de posição e momento linear –, embora a solução da equação de Hermite seja suficiente para a solução completa. Os operadores desempenham um papel importante na mecânica quântica, principalmente quando aplicados a valores esperados em comparação com as medidas experimentais. A equação do autovalor – a de Schröedinger – é dada por:

$$H|\psi\rangle = \left(\frac{p^2}{2m} + \frac{m\omega^2}{2}x^2\right)|\psi\rangle = E|\psi\rangle$$

Salientamos que a hamiltoniana está explicitada, assim como o termo cinético que carrega o momento e o termo de potencial que carrega a posição. Na mecânica quântica, tanto o momento quanto a posição adquirem um caráter operatorial, isto é, tornam-se operadores que atuam nos estados.

Para transformar esse contexto em um problema adimensional, dividiremos ambos os lados por $\hbar\omega$:

$$\left(\frac{p^2}{2m\hbar\omega} + \frac{m\omega}{2\hbar}x^2\right)|\psi\rangle = \frac{E}{\hbar\omega}|\psi\rangle$$

Fica fácil notar que o termo $\frac{E}{\hbar\omega}$ é adimensional. Diante disso, redefiniremos os operadores como:

$$\hat{P} = \frac{1}{\sqrt{m\hbar\omega}}p, \quad \hat{X} = \sqrt{\frac{m\omega}{\hbar}}x, \quad \hat{H} = \hbar\omega H$$

Isso simplificaria a equação de Schröedinger:

$$\frac{1}{2}\left(\hat{P}^2+\hat{X}^2\right)|\psi\rangle = \frac{E}{\hbar\omega}|\psi\rangle$$

A atuação do hamiltoniano adimensional no autoestado do oscilador é escrita da seguinte forma:

$$\hat{H}|\psi\rangle = \frac{E}{\hbar\omega}|\psi\rangle$$

Os cálculos que fizemos até este momento estão nos direcionando para um trabalho com operadores em virtude de um resultado conhecido (que não será deduzido aqui): a relação de comutação da posição com o momento linear:

$$[x,p] = i\hbar$$

Essa relação diz muito sobre a medição em fenômenos quânticos: a posição e o momento (relacionado a velocidade) não podem ser medidos simultaneamente. Para o caso dos operadores adimensionais, há uma relação semelhante e que pode ser deduzida pelo(a) leitor(a):

$$[\hat{X},\hat{P}] = i$$

Uma escolha interessante de operadores se dá pela característica algébrica do hamiltoniano:

$$\hat{P}^2+\hat{X}^2 = \left(\hat{X}+i\hat{P}\right)\left(\hat{X}-i\hat{P}\right)+1$$

Frisamos que esses operadores não comutam entre si. Assim, o produto notável fica um tanto diferente:

$$\left(\hat{X}+i\hat{P}\right)\left(\hat{X}-i\hat{P}\right) = \hat{X}^2 + \underbrace{i\hat{X}\hat{P}-i\hat{P}\hat{X}}_{i[\hat{X},\hat{P}]\,=\,1} + \hat{P}^2$$

Escolhendo uma definição apropriada de operadores como:

$$a = \frac{1}{\sqrt{2}}(\hat{X} + i\hat{P}), \quad a^\dagger = \frac{1}{\sqrt{2}}(\hat{X} - i\hat{P})$$

Estes são conhecidos como *operadores de criação* e *de aniquilação**. Tal escolha transforma a relação de comutação da posição com o momento linear em:

$$[a, a^\dagger] = [\hat{X} + i\hat{P}, \hat{X} - i\hat{P}] = 1$$

que é facilmente calculada pela propriedade dos comutadores, dada por:

$$[A, B+C] = [A, B] + [A, C]$$

E essa escolha também afeta o operador hamiltoniano, que fica:

$$\hat{H} = \frac{1}{2}(\widehat{P^2} + \widehat{X^2}) = a^\dagger a + \frac{1}{2} = aa^\dagger - \frac{1}{2}$$

Na literatura, costuma-se denominar o operador numérico $N = a^\dagger a$. Neste instante, você pode estar se perguntando: Por que todas essas definições, se já encontramos as soluções?

Na mecânica quântica, tais operadores são relevantes porque permitem encontrar determinados estados com base em estados já conhecidos. Além disso, constituem uma boa base para a segunda quantização e a

---

* Na literatura, empregam-se também o nome *operador de abaixamento e de levantamento*. O conjunto é conhecido por *operadores escada*. Ainda, é comum retratar o operador de criação $a^\dagger = a^*$, que consiste no complexo conjugado.

teoria quântica de campos. Para clarificar isso, retomaremos a equação de Schröedinger, em função do operador numérico:

$$\hat{H}|\psi\rangle = N|\psi\rangle + \frac{1}{2}|\psi\rangle = \frac{E}{\hbar\omega}|\psi\rangle$$

E fica claro que são autoestados do operador numérico:

$$N|\psi\rangle = \left(\frac{E}{\hbar\omega} - \frac{1}{2}\right)|\psi\rangle = n|\psi\rangle$$

Portanto, todo autoestado de N é também autoestado de $\hat{H}$. Entretanto, ainda não respondemos ao questionamento anterior. Para isso, temos de calcular o comutador do operador numérico com os operadores[*] a e $a^\dagger$:

$$[N,a] = [a^\dagger a, a] = a^\dagger \underbrace{[a,a]}_{0} + \underbrace{[a^\dagger, a]}_{-1} a = -a$$

$$[N,a] = -a$$

Atuando esse comutador em um autoestado, temos:

$$[N,a]|\psi\rangle = -a|\psi\rangle$$

Agora, abrindo o comutador:

$$Na|\psi\rangle - aN|\psi\rangle = -a|\psi\rangle$$

$$N(a|\psi\rangle) = aN|\psi\rangle - a|\psi\rangle = n(a)|\psi\rangle - (a|\psi\rangle)$$

Reescrevendo a equação:

$$N(a|\psi\rangle) = (n-1)(a|\psi\rangle)$$

---

[*] Aqui fizemos uso de duas propriedades dos comutadores: $[AB, C] = [A, C]B + A[B, C]$ e $[A, B] = -[B, A]$

Logo, o vetor $(a|\psi\rangle)$ é um autovetor de N com autovalor $n - 1$, o que conduz à conclusão de que a atuação do operador a em um estado leva ao abaixamento de n, razão pela qual este é chamado de *operador abaixamento* (ou *destruição*).

Igualmente, é possível calcular o comutador com o operador $a^\dagger$:

$$\left[N, a^\dagger\right] = a^\dagger$$

E fazer o mesmo procedimento:

$$\left[N, a^\dagger\right]|\psi\rangle = a^\dagger|\psi\rangle$$

Abrindo o comutador, temos:

$$Na^\dagger|\psi\rangle - a^\dagger N|\psi\rangle = a^\dagger|\psi\rangle$$

$$N(a^\dagger|\psi\rangle) = a^\dagger N|\psi\rangle + a^\dagger|\psi\rangle = n(a^\dagger|\psi\rangle) + (a^\dagger|\psi\rangle)$$

Novamente, reescrevemos a equação:

$$N(a^\dagger|\psi\rangle) = (n+1)(a^\dagger|\psi\rangle)$$

Isso significa que o vetor $(a^\dagger|\psi\rangle)$ é um autovetor de N com autovalor $n + 1$, o que, desta vez, encaminha à conclusão oposta: a atuação do operador $a^\dagger$ em um estado leva ao levantamento, motivo por que é chamado de *operador levantamento* (ou *criação*).

Se conhecemos um autovetor $|\psi_0\rangle$, podemos encontrar todos os demais mediante aplicações sucessivas do operador de criação $a^\dagger$. É possível interpretar o autovalor n como o grau de excitação do oscilador. Quando esse sistema está no estado fundamental, pode adquirir energia em pacotes de $\hbar\omega$. Assim, caso exista um autoestado com energia E_n, o operador a também reduz a energia em pacotes de $\hbar\omega$.

Por fim, na espectroscopia das moléculas, em uma aproximação chamada de *Born-Oppenheimer*, toda a modelagem se baseia em moléculas com uma parte oscilatória. Nessa perspectiva, conhecendo as posições de equilíbrio – da mais baixa ordem descrita por um potencial quadrático –, as oscilações são identificadas como harmônicas e tratadas como um oscilador harmônico quântico. Tanto os polinômios de Hermite quanto os operadores de escada são fundamentais para uma análise física.

Indicação cultural

Leia o artigo indicado para conhecer mais sobre a aproximação de Born-Oppenheimer:

KREIN, G. The Born-Oppenheimer Approximation in an Effective Field Theory Framework. **Proceedings of Science**, v. 336, 2018. Disponível em: <http://hdl.handle.net/11449/228734>. Acesso em: 17 jul. 2023.

Síntese

Neste capítulo, abordamos diversas funções especiais para além das conhecidas nos cursos convencionais de cálculo. Iniciamos tratando da função gama, a qual é diversamente utilizada nos fenômenos probabilísticos da física. Em seguida, apresentamos quatro funções semelhantes em construção, mas diferentes nas formas: a função de Bessel, a função de Legendre, os harmônicos esféricos e as funções de Hermite; todas são construídas com base na teoria de Sturm-Liouville e apresentam muitas semelhanças entre si. No atinente aos harmônicos esféricos e às funções de Hermite, evidenciamos o uso de ambas na mecânica quântica de forma operatorial em um espaço de Hilbert.

Atividades de autoavaliação

1) Qual é o resultado da seguinte integral?

$$\int_0^\infty e^{-x^4} dx$$

a) $\Gamma(4)$

b) $\Gamma\left(\dfrac{5}{4}\right)$

c) $\Gamma\left(\dfrac{4}{5}\right)$

d) $\Gamma\left(\dfrac{1}{4}\right)$

e) $\Gamma\left(\dfrac{3}{4}\right)$

2) A função de Bessel tem como função geradora:

$$e^{\frac{x}{2}\left(t-\frac{1}{t}\right)} = \sum_{n=-\infty}^{\infty} J_n(x)t^n$$

É possível mostrar a paridade de Bessel somente com a função geradora, que se manifesta da seguinte forma:

a) $J_n(x) = (-1)^{n+1} J_n(-x)$
b) $J_n(x) = (-1)^n J_n(-x)$
c) $J_n(x) = (-1)^{2n} J_{n+1}(-x)$
d) $J_n(x) = (-1)^n J_{2n}(-x)$
e) $J_n(x) = (-1)^{2n+1} J_n(-x)$

3) Existem algumas expressões que surgem em resultados famosos, como a expansão da onda plana de Rayleigh, na qual são utilizadas expansões da delta de Dirac $\delta(1-x)$ e $\delta(1+x)$. Assinale a alternativa que corresponde à expansão da delta de Dirac $\delta(1-x)$:

a) $\delta(1-x) = \sum_{n=0}^{\infty} (-1)^n \dfrac{2n+1}{2} P_n(x)$

b) $\delta(1-x) = \sum_{n=0}^{\infty} \dfrac{n+1}{2} P_n(x)$

c) $\delta(1-x) = \sum_{n=0}^{\infty} \dfrac{2n+1}{2} P_n(x)$

d) $\delta(1-x) = \sum_{n=0}^{\infty} \frac{3n+1}{2} P_n(x)$

e) $\delta(1-x) = \sum_{n=0}^{\infty} (-1)^{2n} \frac{2n+1}{2} P_n(x)$

4) Na mecânica quântica, os harmônicos esféricos desempenham um papel fundamental. Um dos operadores importantes é o momento angular orbital L_+, dado por:

$$L_+ = e^{i\phi}\left(\frac{\partial}{\partial \theta} + i\cot g\theta \frac{\partial}{\partial \phi}\right)$$

A partir de $Y_1^0(\theta,\phi) = \sqrt{\frac{3}{4\pi}}\cos\theta$, encontre Y_1^1.

5) No oscilador harmônico quântico, a probabilidade de transição entre os dois estados de oscilador m e n é calculada pela seguinte integral:

$$\int_{-\infty}^{\infty} xe^{-x^2} H_n(x) H_m(x)dx$$

Usando a relação $H_{n+1}(x) = 2xH_n(x) - 2nH_{n-1}(x)$, calcule o valor dessa integral, que demonstra que as transições entre estados ocorrem entre estados vizinhos próximos.

Atividades de aprendizagem

Questões para reflexão

1) A teoria de Sturm-Liouville consiste em uma grande ferramenta para a construção de várias funções especiais. Uma função que sistematicamente não foi abordada ao longo deste capítulo é a dos polinômios de Laguerre, que são gerados pela EDO:

$$xy'' + (1-x)y' + ny = 0$$

Tais polinômios surgem em alguns contextos da física (na mecânica quântica, principalmente). Como a EDO não é autoadjunta, precisamos calcular o peso associado. Então, use a fórmula de Rodrigues para encontrar a solução e verificar se os polinômios de Laguerre são ortogonais.

2) Dado que as funções especiais da matemática (como as funções de Bessel, Legendre, Hermite etc.) surgem naturalmente na descrição de fenômenos físicos, responda: Qual é o significado físico dessas funções em diferentes contextos? Como elas podem ser usadas para esclarecer a natureza da realidade física e quais são suas implicações para a compreensão fundamental do universo? Por fim, existem mais funções especiais além das que estudamos? Caso existam, como determinar uma nova função especial?

Atividade aplicada: prática

1) Depois de ter estudado tantas funções especiais, faça uma pesquisa usando os mecanismos de busca acadêmica e de inteligência artificial sobre as aplicações de funções que não abordamos neste capítulo.

Introdução ao método das equações integrais e à análise tensorial

5

Em sua trajetória pelos estudos em física, é provável que você já tenha resolvido alguma equação integral ou, melhor, aplicado, em um sistema físico, o cálculo de certa função que está em uma integral.

Antes de começarmos a discutir os métodos de solução de várias equações integrais, precisamos mencionar que muitas dessas equações encontradas na prática não podem ser resolvidas pelos métodos elementares que serão apresentados aqui, mas devem ser resolvidas numericamente, com o auxílio de um computador e dos métodos numéricos.

No entanto, somente a ocorrência de vários tipos simples de equações integrais resolvidas analiticamente já é razão para explorar esse conteúdo de forma mais abrangente, principalmente no contexto do eletromagnetismo mais avançado.

Desse modo, começaremos apresentando as equações integrais e alguns métodos evolvendo-as. Na sequência, trataremos de suma importância entre os métodos matemáticos: a análise tensorial, presente em praticamente todas as áreas da física contemporânea, mesmo sendo conhecida como a *matemática da relatividade geral de Einstein*. Assim, iniciaremos nossos estudos considerando o espaço plano e progrediremos com a relatividade restrita, até chegarmos, enfim, à relatividade geral.

5.1 Equações integrais

O pioneiro no estudo das chamadas *equações integrais* foi o matemático Niels Henrik Abel, por meio do problema da tautócrona, que se trata de uma curva especial construída para que todos os objetos deixados em qualquer ponto inicial tenham o mesmo tempo de percurso até um ponto mínimo – diferentemente da braquistócrona, que será estudada no próximo capítulo, dedicado ao cálculo variacional. A prerrogativa é bem simples: conservação de energia.

Com base no exposto, consideremos uma partícula com energia cinética e potencial gravitacional posta. A condição inicial é que ela carrega somente energia potencial, com velocidade nula. Pela conservação de energia, temos:

$$\frac{1}{2}m\left(\frac{ds}{dt}\right)^2 = mg(y_0 - y)$$

sendo s a curva a ser encontrada, m a massa da partícula, g a gravidade e y_0 a altura inicial. Podemos reescrever a equação do seguinte modo:

$$\frac{ds}{dt} = \pm\sqrt{2g(y_0 - y)}$$

$$\frac{ds}{\pm\sqrt{2g(y_0 - y)}} = dt$$

Usando a regra da cadeia para as diferenciais, a fim de integrarmos em função de y, temos:

$$-\frac{ds}{dy}\frac{dy}{\sqrt{2g(y_0-y)}} = dt$$

Salientamos que a distância diminui à medida que o tempo aumenta. Integrando em ambos os lados entre y_0 e $y = 0$, obtemos a equação integral de Abel, que é uma equação integral de Volterra do primeiro tipo:

$$\int_{y_0}^{0} dt = -\int_{y_0}^{0} \frac{ds}{dy}\frac{1}{\sqrt{2g(y_0-y)}} dy$$

5.1.1 Forma geral da equação integral

Uma equação integral é definida como uma equação em que a função y a ser encontrada está inserida em uma integral, assim escrita:

$$\alpha(x)y(x) = F(x) + \lambda \int_{h(x)}^{g(x)} K(x,z)y(z)dz$$

As funções são conhecidas nos limites de integração, sendo λ um parâmetro constante, $K(x, z)$ uma função de duas variáveis conhecida – denominada *Kernel* ou *núcleo da integral* – e $\alpha(x)$ e $F(x)$ funções conhecidas.

Com base nessa forma geral, estabeleceremos classificações de acordo com algumas características. Se os limites de integração são constantes a e b, a equação é chamada de *equação integral de Fredholm*:

$$\alpha(x)y(x) = F(x) + \lambda \int_{a}^{b} K(x,z)y(z)dz$$

Contudo, se ao menos um dos limites de integração for uma variável, a equação será chamada de *equação integral de Volterra*:

$$\alpha(x)y(x) = F(x) + \lambda \int_a^x K(x,z)y(z)dz$$

Tanto em Fredholm quanto em Volterra, a divisão ocorre em três tipos distintos, os quais dependem da função desconhecida *y*:

1. se $\alpha(x) = 0$, as equações são do primeiro tipo;
2. se $\alpha(x) = 1$, as equações são do segundo tipo;
3. se $\alpha(x)$ não é uma constante, ou seja, uma função conhecida em *x*, as equações são do terceiro tipo.

A equação de Schröedinger ilustra que existem perspectivas diferentes de análise matemática. Ela é escrita na forma diferencial:

$$-\frac{\hbar^2}{2m}\nabla^2\psi(x,y,z) + V(x,y,z)\psi(x,y,z) = E\psi(x,y,z)$$

No entanto, no espaço dos momentos em três dimensões, é escrita de outra maneira:

$$\frac{k^2}{2m}\psi_p(k_x,k_y,k_z) + \frac{1}{(2\pi)^{3/2}}\int \frac{4\pi}{|\vec{k}-\vec{k}'|}\psi_p(k'_x,k'_y,k'_z)dk_x dk_y dk_z =$$
$$= E\psi_p(k_x,k_y,k_z)$$

Trata-se de um problema de autovalor de uma equação integral.

Por fim, ressaltamos que as equações integrais surgem em diversos contextos na física e em outras áreas, como dinâmica populacional, modelos epidemiológicos, física em materiais semicondutores e engenharia elétrica em processamento de sinais digitais.

5.2 Métodos especiais de equações integrais

Nesta seção, discutiremos alguns métodos que recorrem às equações integrais, seja como começo ou fim. Nesse quesito, os dois aspectos que temos de destacar são: (i) a solução de uma equação diferencial ordinária (EDO) por meio da transformação em uma equação integral;
(ii) o uso das transformações integrais para transformar uma equação integral em uma equação algébrica simples de manusear e de resolver por meio de uma transformação inversa.

5.2.1 Transformação de uma equação diferencial em uma equação integral

Em diversas situações, problemas físicos podem ser representados tanto por uma equação diferencial quanto por uma equação integral. A escolha dependerá do contexto do problema, pois, em certos casos, as integrais são mais ou menos complexas (quando existem).

Na sequência, analisaremos um problema de valor inicial em uma EDO linear de segunda ordem:

$$y'' + A(x)y' + B(x)y = f(x)$$

cujas condições iniciais são $y(a) = y_0$ e $y'(a) = y'_0$.
Isolando de um lado a derivada de segunda ordem e integrando em x_1:

$$y'(x) = -\int_a^x A(x_1) y'(x_1)dx_1 - \int_a^x B(x_1)y'(x_1)dx_1 + \int_a^x f(x_1)dx_1 + y'_0$$

Agora, faremos a primeira integral com a integração por partes, para podermos começar a unir algumas integrais sistematicamente:

$$y'(x) = -A(x)y(x) + A(a)y_0 - \int_a^x \big(B(x_1) - A'(x_1)\big)y(x_1)dx_1 + \int_a^x f(x_1)dx_1 + y'_0$$

Integramos novamente, com o cuidado de integrar em x_2 quando necessário:

$$y(x) = -\int_a^x A(x_1) y(x_1) dx_1 - \int_a^x dx_2 \int_a^{x_2} \big(B(x_1) - A'(x_1)\big)y(x_1)dx_1 +$$

$$+ \int_a^x dx_2 \int_a^{x_2} f(x_1)dx_1 + \big(A(a)y_0 + y'_0\big)(x-a) + y_0$$

Para reescrever essa equação, utilizamos a seguinte fórmula:

$$\int_a^x \int_a^{x_n} \cdots \int_a^{x_3} \int_a^{x_2} f(x_1)dx_1 dx_2 \ldots dx_{n-1}dx_n = \frac{1}{(n-1)!}\int_a^x (x-t)^{n-1}f(t)dt$$

Especificamente para nosso caso:

$$\int_a^x dx_2 \int_a^{x_2} \big(B(x_1) - A'(x_1)\big)y(x_1)dx_1 = \int_a^x (x-t)\big(B(t) - A'(t)\big)y(t)dt$$

E para a integral, considerando-se o termo $f(x_1)$:

$$\int_a^x dx_2 \int_a^{x_2} f(x_1)dx_1 = \int_a^x (x-t)f(t)dt$$

A função $y(x)$ pode, assim, ser reescrita:

$$y(x) = -\int_a^x \left[A(t) + (x-b)\big(B(t) - A'(t)\big) \right] y(t)dt + \int_a^x (x-t)f(t)dt +$$
$$+ \big(A(a)y_0 + y'_0\big)(x-a) + y_0$$

Para que ela se apresente na forma geral, renomeamos os termos:

$$K(x,t) = -\left[A(t) + (x-t)\big(B(t) - A'(t)\big) \right]$$

$$F(x) = \int_a^x (x-t)f(t)dt + \big(A(a)y_0 + y'_0\big)(x-a) + y_0$$

Por fim, chegamos à equação de Volterra:

$$y(x) = F(x) + \int_a^x K(x,z)y(z)dz$$

Exemplificando

Tomemos um exemplo amplamente conhecido: o oscilador harmônico simples (OHS), com condições conhecidas $y(0) = 0$ e $y'(0) = 1$:

$$y'' + \omega^2 y = 0$$

É possível reconhecer as funções por simples inspeção:

$$A(x) = 0, \ B(x) = \omega^2, \ g(x) = 0$$

Em seguida, tornando-a uma equação integral:

$$y(x) = x + \omega^2 \int_0^x (t-x)y(t)dt$$

Agora, reconsideraremos o mesmo oscilador harmônico com outras condições iniciais, dadas por $y(0) = 0$ e $y(b) = 0$. Como não sabemos nada sobre valores de contorno da derivada, a primeira integração ficará da seguinte forma:

$$y' = -\omega^2 \int_0^x y\,dx + y'(0)$$

Integrando novamente, obtemos:

$$y = -\omega^2 \int_0^x (x-t)y(t)\,dt + xy'(0)$$

Agora, podemos recorrer à segunda condição de contorno $y(b) = 0$ para reescrever a equação, sabendo que:

$$\omega^2 \int_0^b (b-t)y(t)\,dt = by'(0)$$

Então, retornamos à equação integral:

$$y = -\omega^2 \int_0^x (x-t)y(t)\,dt + \omega^2 \int_0^b \frac{x}{b}(b-t)y(t)\,dt$$

É necessário manipular a integral para juntar as duas integrais. Para isso, dividimos o intervalo $[0, b]$ em dois intervalos $[0, x]$ e $[x, b]$ e reescrevemos a segunda integral:

$$\int_0^b \frac{x}{b}(b-t)y(t)\,dt = \int_0^x \frac{x}{b}(b-t)y(t)\,dt + \int_x^b \frac{x}{b}(b-t)y(t)\,dt$$

Tendo em vista a união das integrais, resta:

$$y = \underbrace{-\omega^2 \int_0^x (x-t)y(t)\,dt + \int_0^x \frac{x}{b}(b-t)y(t)\,dt}_{\text{mesmos limites de integração}} + \int_x^b \frac{x}{b}(b-t)y(t)\,dt$$

Ainda, precisamos juntar as duas integrais com os mesmos limites, sabendo que:

$$\frac{x}{b}(b-t)-(x-t)=\frac{t}{b}(b-x)$$

Tornando a equação integral:

$$y = \omega^2 \int_0^x \frac{t}{b}(b-x)y(t)dt + \omega^2 \int_x^b \frac{x}{b}(b-t)y(t)dt$$

Neste ponto, é mais fácil definir uma equação integral concisa estabelecendo o núcleo, assim:

$$K(x,t) = \begin{cases} \frac{t}{b}(b-x), & t < x \\ \frac{t}{b}(b-x), & t > x \end{cases}$$

tendo como resultado:

$$y = \omega^2 \int_0^x K(x,t)y(t)dt$$

Trata-se, então, de uma equação homogênea de Fredholm do segundo tipo.

5.2.2 Métodos de transformada integral

Outro método bastante utilizado, e que depende muito de teoria, simetrias e condições, é o método das transformadas integrais. Existem diversas transformadas integrais, mas o método que apresentaremos a seguir é simples e semelhante em todos os casos: transforma-se a equação como um todo na expectativa de isolar a função a ser encontrada.

Nessa perspectiva, enunciaremos algumas transformações integrais muito utilizadas na física teórica:

- Transformada de Fourier

$$f(x) = \frac{1}{\sqrt{2\pi}} \int_{-\infty}^{\infty} e^{ikx} \tilde{f}(k) dk$$

$$\tilde{f}(k) = \frac{1}{\sqrt{2\pi}} \int_{-\infty}^{\infty} e^{-ikx} f(x) dx$$

- Transformada de Laplace

$$F(s) = \mathcal{L}\{f(t)\} = \int_{-\infty}^{\infty} e^{-st} f(t) dt$$

$$f(t) = \mathcal{L}^{-1}\{F(s)\} = \frac{1}{2\pi i} \lim_{T \to \infty} \int_{\gamma - iT}^{\gamma + iT} e^{st} F(s) ds$$

- Transformada de Mellin (utilizada em um contexto estatístico quando existem funções gama)

$$\mathcal{M}\{f(x)\} = \varphi(s) = \int_{0}^{\infty} x^{s-1} f(x) dx$$

$$\mathcal{M}\{\varphi(s)\} = f(x) = \frac{1}{2\pi i} \lim_{S \to \infty} \int_{c-iS}^{c-iS} x^{-s} \varphi(s) ds$$

- Transformada de Hankel

$$F_v(k) = \int_{0}^{\infty} f(x) J_v(kx) x\, dx$$

$$f(x) = \int_{0}^{\infty} F_v(k) J_v(kx) k\, dk$$

Exemplificando

Considere a equação de Fredholm do primeiro tipo:

$$H(x) = \int_{-\infty}^{\infty} \theta(x-t)\phi(t)dt$$

em que $\Theta(x-t)$ é um núcleo geral. A variável a ser calculada é a função $\phi(t)$. Pelo teorema da convolução de Fourier, dado por:

$$\int_{-\infty}^{\infty} g(y)f(x-y)dy = \int_{-\infty}^{\infty} \tilde{g}(k)\tilde{f}(k)e^{-ikx}dk$$

podemos reescrever a equação de Fredholm da seguinte maneira:

$$H(x) = \int_{-\infty}^{\infty} \tilde{\theta}(k)\tilde{\phi}(k)e^{-ikx}dk = \int_{-\infty}^{\infty} \frac{\tilde{H}(k)}{\sqrt{2\pi}} e^{-ikx}dk$$

Na segunda igualdade, temos a transformada feita da função $H(x)$, que se torna uma equação algébrica:

$$\tilde{\theta}(k)\tilde{\phi}(k) = \frac{\tilde{H}(k)}{\sqrt{2\pi}}$$

Então, podemos isolar $\tilde{\phi}(k)$:

$$\tilde{\phi}(k) = \frac{1}{\sqrt{2\pi}} \frac{\tilde{H}(k)}{\tilde{\theta}(k)}$$

Agora, a função na versão não transformada é simplesmente calculada com uma integral:

$$\phi(x) = \frac{1}{2\pi} \int_{-\infty}^{\infty} \frac{\tilde{H}(k)}{\tilde{\theta}(k)} e^{-ikx}dk$$

O intuito de usar essa transformada integral é tornar a equação integral uma equação algébrica. Isso também ocorre para as equações diferenciais.

5.3 Mudança de base e tensores

Uma das premissas deste livro é fazer uma introdução de algumas temáticas abordadas na física. Nesta seção, adotaremos um posicionamento bastante utilitarista, pois o mais adequado matematicamente seria fazer um estudo das variedades topológicas e diferenciáveis. Todavia, começaremos com o formalismo geral da mudança de base, para, aos poucos, definirmos os objetos.

Sabemos de antemão que, no espaço tridimensional, os vetores de base são os canônicos $\{\hat{i}, \hat{j}, \hat{k}\}$ unitários, que facilitam todas as operações nesse espaço. Contudo, o mundo do físico infelizmente não é tão cartesiano assim. Isso porque, em diversas situações, deparamo-nos com coordenadas diversas: polares, cilíndricas e esféricas são os exemplos mais comuns. Essa mudança de coordenadas e de vetores de base é fundamental em todas as áreas da física.

Diante disso, consideraremos uma notação utilizada na literatura para o espaço euclidiano* (plano por definição), o chamado *vetor unitário* $\hat{e}_i$, com índice que varia de 1 a 3, e uma base ortonormal:

$$\hat{e}_i \cdot \hat{e}_j = \delta_{ij}$$

Podemos escrever um vetor qualquer $\vec{V}$ nessa base:

$$\vec{u} = \sum_{i=1}^{3} u_i \hat{e}_i = u_i \hat{e}_i$$

em que u_i são as componentes do vetor. Doravante, usaremos a chamada *notação de Einstein* como somatório para todas as vezes em que surgirem índices repetidos na mesma equação. Esse exemplo é dado da seguinte forma:

$$u_i \hat{e}_i = u_1 \hat{e}_1 + u_2 \hat{e}_2 + u_3 \hat{e}_3$$

❓ O que é

Notação de Einstein
Muito comum na relatividade geral, trata-se de um modo de escrever que omite o somatório. Observe o exemplo:

---

* Esse cenário em que os índices aparecem todos subscritos ocorre somente no espaço euclidiano n-dimensional. Em um espaço não euclidiano, surgem dois tipos de vetores, chamados *covariantes* e *contravariantes*, havendo índices subscritos e sobrescritos respectivamente.

$$\sum_{i=1}^{N}\sum_{j=1}^{N}\sum_{k=1}^{N}\sum_{n=1}^{N} A_{ij}B_{jk}C_{kn}D_{ni} = A_{ij}B_{jk}C_{kn}D_{ni}$$

Em inúmeras situações, a notação omite o somatório porque, de fato, fica muito carregada.

A omissão do somatório é muito comum quando lidamos com tensores.

Agora, escreveremos o mesmo vetor em outra base:

$$\vec{u} = u'_i\, \hat{e}'_i$$

sendo u'_i as componentes. Para estabelecer relação entre as bases, é necessário projetar uma base sobre a outra:

$$\hat{e}_i = \left(\hat{e}_i \cdot \hat{e}'_j\right)\hat{e}'_j$$

A generalização da projeção entre dois vetores é estudada em cursos de geometria analítica.

Substituindo de maneira consistente, obtemos:

$$u_i \hat{e}_i = u_i \left[\left(\hat{e}_i \cdot \hat{e}'_j\right)\right]\hat{e}'_j$$

De fato, podemos identificar as componentes do vetor como:

$$u'_i = a_{ij} u_j$$

em que $a_{ij} = \hat{e}_i \cdot \hat{e}'_j$. Apesar da notação, esse novo objeto apresenta nove quantidades, já que ainda estamos em um contexto de espaço tridimensional. Por isso, é natural que o módulo não seja modificado com a escolha da base, ou seja:

$$u'_i \, u'_i = u_j u_j$$

Tenha cuidado na escolha dos índices! Na equação anterior, selecionamos apropriadamente as somas justamente por causa de uma propriedade que a literatura difunde como "índice mudo". Assim, sempre que existir uma dupla de índices, é necessário redobrar a atenção com a próxima dupla.

Retomando, podemos utilizar as relações recém-apresentadas para escrever (perceba os índices mudos):

$$u'_i \, u'_i = (a_{ik} u_k)(a_{im} u_m) = u_j u_j$$

$$(a_{ik} a_{im}) u_k u_m = u_j u_j$$

Logo, para que o módulo seja igual, precisamos da condição de ortogonalidade:

$$a_{ik} a_{im} = \delta_{km}$$

Essa condição remete à relação $\delta_{km} u_k = u_m$, possibilitando a seguinte igualdade:

$$u_m u_m = u_j u_j$$

O delta de Kronecker consiste em uma identidade usada diversas vezes para mudar o nome dos índices.

❓ O que é

Delta de Kronecker

O delta de Kronecker é definido da seguinte maneira:

$$\delta_{ij} = \begin{cases} 1, \text{ se } i = j \\ 0, \text{ se } i \neq j \end{cases}$$

É utilizado para modificar o nome do índice:

$$\delta_{ki} u_i = u_k$$

Assim, é possível introduzir o conceito de tensor, como uma generalização do vetor:

$$T'_{ij} = a_{ik} a_{jm} T_{km}$$

Cada índice se transforma em um vetor. O tensor T_{km} é classificado como de segunda ordem[*], por ter dois índices e duas transformações para cada um.

Por sua vez, um tensor de terceira ordem é facilmente escrito como:

$$T'_{ijk} = a_{il} a_{jm} a_{kn} T_{lmn}$$

Portanto, um vetor é um tensor de primeira ordem, e um escalar é um tensor de ordem zero. Um tensor muito importante e já abordado neste livro é o delta de Kronecker, de segunda ordem, o qual se transforma em:

$$\delta'_{ij} = a_{im} \underbrace{a_{jn} \delta_{mn}}_{a_{jm}} = a_{im} a_{jm} = \delta_{ij}$$

Essa transformação decorre do fato de o tensor representar a identidade nesse espaço vetorial.

---

[*] Em alguns livros, em vez de *ordem*, a nomenclatura utilizada é *rank*.

Na física, há muitas quantidades tensoriais, como o momento de inércia, a tensão de Cauchy, a métrica de um espaço entre outras situações, como o tensor eletromagnético que carrega o campo elétrico e magnético e que reduz as equações de Maxwell a um conjunto de duas equações (tema que abordaremos a seguir).

5.3.1 Notação matricial, propriedades e determinantes

A notação matricial permite diversos cálculos que, em um primeiro momento, seriam grandes, como na relação que abordamos anteriormente entre vetores em bases diferentes, resultando no conjunto de equações:

$$u'_i = a_{ij}u_j \rightarrow \begin{cases} u'_1 = a_{1j}u_j = a_{11}u_1 + a_{12}u_2 + a_{13}l \\ u'_2 = a_{2j}u_j = a_{21}u_1 + a_{22}u_2 + a_{23}l \\ u'_3 = a_{3j}u_j = a_{31}u_1 + a_{32}u_2 + a_{33}l \end{cases}$$

Daí depreende-se claramente uma multiplicação matricial U' = AU, cujas matrizes são:

$$\begin{pmatrix} u'_1 \\ u'_2 \\ u'_3 \end{pmatrix} = \begin{pmatrix} a_{11} & a_{12} & a_{13} \\ a_{12} & a_{22} & a_{23} \\ a_{13} & a_{32} & a_{33} \end{pmatrix} \begin{pmatrix} u_1 \\ u_2 \\ u_3 \end{pmatrix}$$

Na prática, significa que as matrizes são uma boa forma de representar os tensores. Isso abre muitas possibilidades, tanto para a ortogonalidade entre matrizes quanto para a notação a^T para o elemento da matriz transposta:

$$a_{ij}a_{ik} = \delta_{jk} \rightarrow a_{ji}^T a_{ik} = \delta_{jk} \rightarrow A^T A = \ell$$

A definição mais formal de determinantes para matrizes 3 × 3 é:

$$\det M = \varepsilon_{ijk} M_{i1} M_{j2} M_{k3}$$

$$\varepsilon_{mno} \det M = \varepsilon_{ijk} M_{im} M_{jn} M_{ko}$$

Note o já conhecido pseudotensor de Levi-Civita. Certamente, você já estudou a característica de permutações do determinante. Esse contexto está relacionado à característica de permutações de índices do pseudotensor, que se dá como:

$$\epsilon_{abcd} = -\epsilon_{acbd} = \epsilon_{acdb}$$

Convém adiantarmos a generalização do pseudotensor de ordem 4 para chegar à expressão do determinante para matrizes 4 × 4, assim escrita:

$$\epsilon_{abcd} \det M = \epsilon_{ijkl} M_{ia} M_{jb} M_{kc} M_{ld}$$

As generalizações são imediatas para ordens maiores de matrizes. Entretanto, salientamos que a ordem de um tensor não guarda relação com a dimensão. Um tensor de ordem 2 pode ser um objeto de um espaço quadridimensional (assunto de que ainda trataremos nesta obra).

Dando sequência, apresentamos a seguir algumas importantes propriedades dos tensores:

I. Um tensor de ordem N multiplicado por um de ordem M é um tensor de ordem $N + M$:

$$T'_{ijk} G'_{lm} = a_{io}a_{jp}a_{kq}a_{lr}a_{ms}T_{opq}G_{rs}$$

II. Um tensor de ordem *N* multiplicado por um delta de Kronecker diminui a ordem para *N* –2, como neste exemplo:

$$\delta_{ij}T'_{ijk} = \delta_{ij}a_{im}a_{jn}a_{lo}T_{mno} = \underbrace{a_{jm}a_{jn}}_{\delta_{mn}}a_{lo}T_{mno} = a_{lo}T_{mmo}$$

Trata-se de um tensor de ordem 3 T'_{ijk} contraído com a delta, sobrando no final uma matriz a_{lo} de transformação, que mostra o comportamento de um tensor de ordem 1.

III. Qualquer tensor T_{ij} pode ser escrito em duas partes, uma simétrica e outra antissimétrica*:

$$T_{ij} = \frac{1}{2}(T_{ij} + T_{ji}) + \frac{1}{2}(T_{ij} - T_{ji})$$

Você, leitor(a), pode provar cada setor com sua simetria invertendo os sinais de cada termo:

$$\frac{1}{2}(T_{ij} + T_{ji}) \rightarrow \frac{1}{2}(T_{ji} + T_{ij}) = \frac{1}{2}(T_{ij} + T_{ji})$$

$$\frac{1}{2}(T_{ij} - T_{ji}) \rightarrow \frac{1}{2}(T_{ji} - T_{ij}) = -\frac{1}{2}(T_{ij} - T_{ji})$$

IV. A contração de um vetor simétrico com um antissimétrico é zero, ou seja, se A_{ij} é simétrico, B_{ij} é antissimétrico:

---

* Um tensor simétrico é aquele que não muda mediante a troca de índices ($A_{ij} = A_{ji}$). Já o antissimétrico altera o sinal em uma troca de índices ($B_{ij} = B_{ji}$).

$$A_{ij}B_{ij} = -A_{ji}B_{ji} = -A_{ij}B_{ij} \to 2A_{ij}B_{ij} = 0$$

Chegamos a essa conclusão mudando os índices na primeira igualdade; na segunda igualdade, há os índices mudos, que fornecem a prova.

V. Algumas propriedades dos vetores podem ser extrapoladas com a notação tensorial, isto é, indo além do famoso "módulo, direção e sentido". Destarte, os pseudovetores e pseudotensores são objetos que se comportam de modo diferente quando alteram o sistema de coordenadas. Os vetores obtidos por meio de um produto vetorial são exemplos disso.

Logo, considere o vetor W_i, obtido por meio do produto vetorial entre* U_i e V_i:

$$W_k = \epsilon_{ijk} U_i V_j$$

Fazendo uma mudança de base, temos:

$$W'_i = \epsilon'_{ijk} U'_i V'_j = \epsilon_{ijk} a_{il} a_{jm} U_l V_m$$

Chamando $\epsilon_{ijk} = \epsilon_{ijn} \delta_{kn}$:

$$\delta_{kn} = a_{kp} a_{np}$$

Para chegar à fórmula do determinante, temos:

$$W'_i = \epsilon'_{ijk} U'_i V'_j = \underbrace{\epsilon_{ijn} a_{il} a_{jm} a_{np}}_{\epsilon_{lmp} \det A} a_{kp} U_l V_m = a_{kp} \det A \underbrace{\epsilon_{lmp} U_l V_m}_{W_p}$$

---

* Sugerimos ao(à) leitor(a) que abra os índices de soma, a fim de perceber que essa definição é idêntica ao que se estuda nos cursos normais de geometria analítica.

Assim, obtemos a relação diferente da definição de tensores predita, que carrega um determinante:

$$W'_i = (\det A) a_{kp} W_p$$

Frisamos que recorremos a uma relação de transformação do pseudotensor de Levi-Civita na qual este se comporta como o delta de Kronecker, ou seja, $\epsilon'_{ijk} = \epsilon_{ijk}$. Esse contexto só se mostra verdadeiro porque se trata de um pseudotensor, que se transforma assim:

$$\epsilon'_{ijk} = \det A \underbrace{a_{il} a_{jm} a_{ko} \epsilon_{lmo}}_{\epsilon_{ijk} \det A} = \det A \, \epsilon_{ijk} \det A = \epsilon_{ijk}$$

VI. Para finalizar, acompanhe, na sequência, algumas relações importantes envolvendo os pseudotensores de Levi-Civita

Em 2D:

$$\epsilon_{ij} \epsilon_{kl} = \det \begin{vmatrix} \delta_{ik} & \delta_{il} \\ \delta_{jk} & \delta_{jl} \end{vmatrix}$$

Essa relação é muito útil para encontrar a contração entre dois índices:

$$\epsilon_{ij} \epsilon_{jl} = -\delta_{il}$$

Em 3D:

$$\epsilon_{ijk} \epsilon_{lmn} = \det \begin{vmatrix} \delta_{il} & \delta_{im} & \delta_{in} \\ \delta_{jl} & \delta_{jm} & \delta_{jn} \\ \delta_{kl} & \delta_{km} & \delta_{kn} \end{vmatrix}$$

Também é eficaz para encontrar, entre outras contrações, a equação a seguir:

$$\epsilon_{ijk} \epsilon_{kmn} = \delta_{im} \delta_{jn} - \delta_{in} \delta_{jm}$$

Em 4D:

$$\epsilon_{ijkl}\,\epsilon_{mnop} = \det\begin{vmatrix} \delta_{im} & \delta_{in} & \delta_{io} & \delta_{ip} \\ \delta_{jm} & \delta_{jn} & \delta_{jo} & \delta_{jp} \\ \delta_{km} & \delta_{kn} & \delta_{ko} & \delta_{kp} \\ \delta_{lm} & \delta_{ln} & \delta_{lo} & \delta_{lp} \end{vmatrix}$$

Quando se exige alguma contração de índices do pseudotensor, realiza-se a manipulação algébrica desse determinante.

Mãos à obra

Sabendo que:

$$\epsilon_{ijk}\,\epsilon_{lmn} = \det\begin{vmatrix} \delta_{il} & \delta_{im} & \delta_{in} \\ \delta_{jl} & \delta_{jm} & \delta_{jn} \\ \delta_{kl} & \delta_{km} & \delta_{kn} \end{vmatrix}$$

Encontre as equações que seguem:

a) $\epsilon_{ijk}\,\epsilon_{kmn} = \delta_{im}\delta_{jn} - \delta_{in}\delta_{jm}$

b) $\epsilon_{ijk}\,\epsilon_{kjn} = -2\delta_{in}$

c) $\epsilon_{ijk}\,\epsilon_{ijk} = 6$

Resolução

a) Precisamos realizar o determinante fazendo $k = l$ pelo método de Laplace:

$$\epsilon_{ijk}\,\epsilon_{kmn} = \det\begin{vmatrix} \delta_{ik} & \delta_{im} & \delta_{in} \\ \delta_{jk} & \delta_{jm} & \delta_{jn} \\ \delta_{kk} & \delta_{km} & \delta_{kn} \end{vmatrix}$$

$$= \delta_{kk}\left(\delta_{im}\delta_{jn} - \delta_{in}\delta_{jm}\right) - \delta_{km}\left(\delta_{ik}\delta_{jn} - \delta_{in}\delta_{jk}\right) + \delta_{kn}\left(\delta_{ik}\delta_{jm} - \delta_{im}\delta_{jk}\right)$$

Considerando que $\delta_{kk} = 3$ e que o delta muda o nome do índice, temos:

$$\epsilon_{ijk}\epsilon_{kmn} = 3\left(\delta_{im}\delta_{jn} - \delta_{in}\delta_{jm}\right) - \left(\delta_{im}\delta_{jn} - \delta_{in}\delta_{jm}\right) + \left(\delta_{in}\delta_{jm} - \delta_{im}\delta_{jn}\right)$$

$$\epsilon_{ijk}\epsilon_{kmn} = \left(\delta_{im}\delta_{jn} - \delta_{in}\delta_{jm}\right)$$

b) É possível alterar o nome do índice:

$$\epsilon_{ijk}\epsilon_{kjn} = \left(\underbrace{\delta_{ij}\delta_{jn}}_{\delta_{in}} - \delta_{in}\underbrace{\delta_{jj}}_{3}\right) = \delta_{in} - 3\delta_{in} = -2\delta_{in}$$

c) Primeiramente, faz-se necessário escrever a equação adequadamente, fazendo permutações nos índices:

$$\epsilon_{ijk}\epsilon_{kjn} = -\epsilon_{ijk}\epsilon_{jkn} = -\epsilon_{ijk}\epsilon_{njk}$$

Chamamos atenção para a permutação na primeira igualdade e, depois, as duas permutações na segunda. Assim:

$$\epsilon_{ijk}\epsilon_{njk} = -\epsilon_{ijk}\epsilon_{kjn} = 2\delta_{in}$$

Novamente, contraímos o índice:

$$\epsilon_{ijk}\epsilon_{ijk} = 2\delta_{ii} = 6$$

5.4 Tensores na relatividade especial

Depois de termos trabalhado com os tensores em um espaço euclidiano, apresentaremos o primeiro exemplo de uso comum para o físico: o espaço de Minkowski. Para isso, recorreremos à transformação de Lorentz (e à inversa), dada por:

$$\begin{cases} x' = \dfrac{x - vt}{\sqrt{1 - \dfrac{v^2}{c^2}}} \\ y' = y \\ z' = z \\ t' = \dfrac{t - (v/c^2)x}{\sqrt{1 - \dfrac{v^2}{c^2}}} \end{cases} \quad e \quad \begin{cases} x = \dfrac{x' + vt}{\sqrt{1 - \dfrac{v^2}{c^2}}} \\ y = y' \\ z = z' \\ t = \dfrac{t' + (v/c^2)x}{\sqrt{1 - \dfrac{v^2}{c^2}}} \end{cases}$$

cujo sistema $S' = [x', y', z', t']$ está com a velocidade relativa v do sistema $S = [x, y, z, t]$. Essa característica do espaço-tempo é debatida nos livros de relatividade com mais riqueza de detalhes. De todo modo, temos de reforçar que não mais estamos lidando com o espaço euclidiano. Assim, teremos uma diferença nos índices, que antes estavam todos subscritos. Doravante, eles estarão sobrescritos, ou seja, índices "em cima" e "embaixo" das quantidades matemáticas[*], além de termos os chamados *tensores*.

Conforme já mencionamos, existem dois tipos de vetores na construção da análise tensorial, os contravariantes e os covariantes, definidos segundo sua transformação de coordenadas:

- Contravariantes

$$V'^a = \frac{\partial (x')^a}{\partial x^b} V^b$$

---

[*] Na física teórica brasileira em geral, usa-se muito essa linguagem atrelada à "musculação" dos índices.

- Covariantes

$$V'_a = \frac{\partial x^b}{\partial (x')^a} V_b$$

Para esclarecer, mobilizaremos o plano cartesiano, a princípio com todos os índices embaixo; isso demonstrará a razão para se usar ora índices sobrescritos, ora subscritos. No sistema cartesiano, usualmente representamos os vetores como uma combinação linear dos vetores de base na forma $\vec{V} = V_1 \hat{e}_1 + V_2 \hat{e}_2 + V_3 \hat{e}_3$. É possível realizar uma transformação de coordenadas (uma rotação, por exemplo) e obter o mesmo vetor na nova representação: $\vec{V}' = V'_1 \hat{e}'_1 + V'_2 \hat{e}'_2 + V'_3 \hat{e}'_3$. A relação entre as componentes de tais vetores ocorre da seguinte forma:

$$V'_i = \sum_j \left(a_{ij}\right) V_j$$

sendo $a_{ij} = \hat{e}'_i \cdot \hat{e}_j$, que se referem às projeções dos vetores transformados $\hat{e}'_i$ nas direções dos vetores não transformados $\hat{e}_j$. exemplificar, tomemos o espaço $\mathbb{R}^2$ com um vetor $\vec{u} = x_1 \hat{e}_1 + x_2 \hat{e}_2$. Alteramos o sistema de coordenadas fazendo uma rotação em um ângulo θ e escrevemos o mesmo vetor no novo sistema rotacionado, conforme a Figura 5.1.

Figura 5.1 – Rotação de um sistema cartesiano bidimensional em um ângulo θ

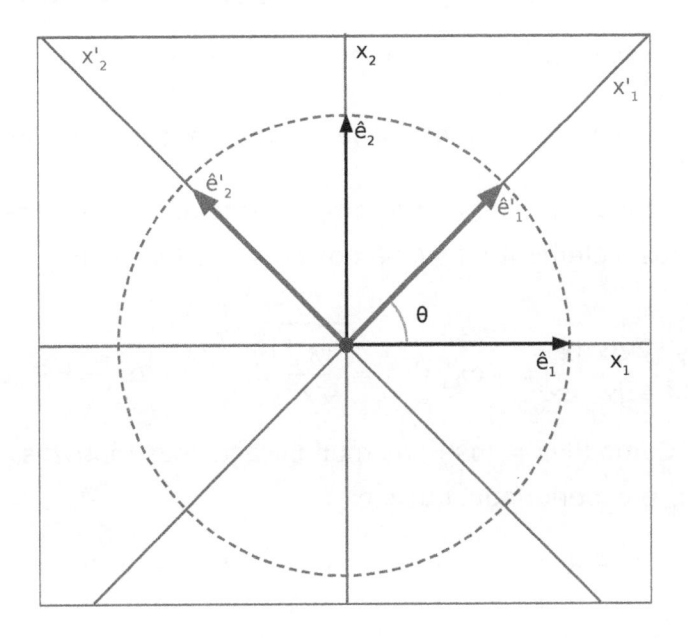

Agora, por inspeção trigonométrica, podemos relacionar os eixos da Figura 5.1 conforme o sistema de equações:

$$\begin{cases} x'_1 = x_1 \cos\theta + x_2 \sen\theta \\ x'_2 = -x_1 \sen\theta + x_2 \cos\theta \end{cases} \rightarrow \begin{pmatrix} x'_1 \\ x'_2 \end{pmatrix} = \begin{pmatrix} \cos\theta & \sen\theta \\ -\sen\theta & \cos\theta \end{pmatrix} \begin{pmatrix} x_1 \\ x_2 \end{pmatrix}$$

Usando, deste ponto em diante, o formalismo apresentado na convenção de Einstein para os índices, temos:

$$x'_i = R_{ij} x_j, \quad (R_{ij}) = \begin{pmatrix} \cos\theta & \sen\theta \\ -\sen\theta & \cos\theta \end{pmatrix}$$

Infinitesimalmente, temos $dx'_i = R_{ij} dx$, que providencia:

$$R_{ij} = \frac{\partial x'_i}{\partial x_j} \quad \rightarrow \quad dx'_i = \left(\frac{\partial x'_i}{\partial x_j}\right) dx_j$$

que é simplesmente uma regra da cadeia, cujo termo $\left(\dfrac{\partial x'_i}{\partial x_j}\right)$ é chamado de *matriz jacobiana*. Ressaltamos que as rotações preservam o comprimento e, para isso, definimos o elemento de linha nos dois sistemas como:

$$\begin{cases} (ds)^2 = dx_i dx_i \\ (ds')^2 = dx'_i\, dx'_i \end{cases} \rightarrow dx'_i\, dx'_i = \underbrace{\left(\frac{\partial x'_i}{\partial x_j}\right)}_{R_{ij}} dx_j \underbrace{\left(\frac{\partial x'_i}{\partial x_k}\right)}_{R_{ik}} dx_k = R_{ij} R_{ik}\, dx_j dx_k$$

Como $(ds)^2 = (ds')^2$, na multiplicação das matrizes, $R_{ij} R_{ik}$ é a identidade, ou seja:

$$R_{ij} R_{ik} = \delta_{jk} \rightarrow dx'_i\, dx'_i = \underbrace{R_{ij} R_{ik}}_{\delta_{jk}} dx_j dx_k = dx_j dx_j$$

$$dx'_i\, dx'_i = dx_j dx_j$$

Ademais, podemos generalizar essa aplicação simples de uma rotação para a relação entre as componentes de um vetor V'_i em função das componentes V_j em uma transformação de coordenadas:

$$V'_i = \left(\frac{\partial x'_i}{\partial x_j}\right) V_j$$

Na sequência, preste muita atenção, pois essa não é a única transformação entre vetores, e nós alteraremos a notação*. Nos vetores que se transformam dessa maneira, subiremos os índices, pois a variável "linha" está no numerador, ou seja, "em cima". Logo, os vetores ditos contravariantes são escritos da seguinte maneira:

$$V'^{i} = \left(\frac{\partial (x')^i}{\partial x^j}\right) V^j$$

Para encontrar a outra transformação entre vetores, já com a notação cujos índices estão para cima, precisamos relembrar o vetor gradiente de um escalar $\phi(x^i)$, dado por:

$$\vec{\nabla}\phi = \left(\frac{\partial \phi}{\partial x^1}, \frac{\partial \phi}{\partial x^2}, \frac{\partial \phi}{\partial x^3}\right)$$

cujas componentes são dadas por:

$$\partial_i \phi \equiv \frac{\partial \phi}{\partial x^i}$$

Quando tomamos a derivada do escalar $\phi(x^i)$ em relação às variáveis transformadas $(x')^i$, obtemos:

$$\frac{\partial \phi}{\partial (x')^i} = \frac{\partial \phi}{\partial x^j} \frac{\partial x^j}{\partial (x')^i}$$

O termo $\frac{\partial x^j}{\partial (x')^i}$ surge em decorrência da regra da cadeia. Então, notamos que a variável "linha" surge no denominador, ou seja, está "embaixo". Logo, os vetores ditos *covariantes* são escritos da seguinte maneira:

---

* Na realidade, poderíamos ter começado definindo o sistema de coordenadas como x^a, mas entendemos que da forma como fizemos é possível compreender o motivo da notação.

$$V'_i = \frac{\partial x^j}{\partial (x')^i} V_j$$

O índice está acima quando a coordenada "linha" está no numerador e abaixo quando a coordenada está abaixo. Memorize essa regra, já que, daqui em diante, utilizaremos muitos índices.

Enfatizamos que as derivadas se comportam como vetores covariantes e contravariantes.

- Covariante

$$\frac{\partial}{\partial x^i} = \partial_i$$

- Contravariante

$$\frac{\partial}{\partial x_i} = \partial^i$$

Essa notação nos direciona para o caráter do vetor. Entretanto, é preciso ter cautela com o termo *covariante*, o qual, em certos contextos da física, tem outro significado.

Para tensores de ordens maiores, existe uma definição diferente (facilmente generalizada para ordens maiores que 2):

- Covariante

$$T'_{ij} = \frac{\partial x^m}{\partial (x')^i} \frac{\partial x^n}{\partial (x')^j} T_{mn}$$

- Contravariante

$$(T')^{ij} = \frac{\partial(x')^i}{\partial x^m} \frac{\partial(x')^j}{\partial x^n} T^{mn}$$

- Misto

$$(T')^i_k = \frac{\partial(x')^i}{\partial x^m} \frac{\partial}{\partial(x')^k} T^m_n$$

Se contrairmos um vetor contravariante com um covariante, obteremos:

$$A'^i B'_i = \frac{\partial(x')^i}{\partial x^m} A^m \frac{\partial x^n}{\partial(x')^i} B_n = \delta^n_m A^m B_n = A^m B_m$$

sendo, portanto, invariante e representando um tensor de ordem zero (escalar).

5.4.1 Espaço de Minkowski

Para caracterizar o espaço de Minkowski, primeiramente temos de relembrar a definição de distância euclidiana:

$$s^2 = (x - x_0)^2 + (y - y_0)^2 + (z - z_0)^2$$

a qual corresponde à distância entre um ponto (x_0, y_0, z_0) e outro ponto qualquer (x, y, z). Assim, podemos escrever o elemento de linha euclidiano da seguinte forma:

$$ds^2 = dx^i dx_i = \delta_{ij} dx^i dx^j = dx^2 + dy^2 + dz^2$$

Aqui usamos o delta de Kronecker para levantar um dos índices. Esse tensor é chamado de *métrico euclidiano* (ou *métrica euclidiana*). Nesse espaço plano, a contravariância ou covariância não faz diferença, pois se trata dos mesmos índices. Já com relação aos espaços diferentes (ditos *não euclidianos*), recorremos à métrica do espaço em questão para definir o elemento de linha*:

$$ds^2 = g_{\mu\nu} dx^\mu dx^\nu$$

É comum usar os vetores contravariantes nos diferenciais. O elemento de linha do espaço de Minkowski é dado por:

$$ds^2 = -c^2 dt^2 + \left(dx^2 + dy^2 + dz^2\right)$$

Assim, é possível estabelecer os vetores covariantes e contravariantes:

$$\left(dx^\mu\right) = \begin{pmatrix} ct \\ x \\ y \\ z \end{pmatrix}, \quad \left(dx_\mu\right) = \begin{pmatrix} ct \\ -x \\ -y \\ -z \end{pmatrix}$$

E o tensor métrico é escrito matricialmente como:

$$\left(g_{\mu\nu}\right) = \begin{pmatrix} -1 & 0 & 0 & 0 \\ 0 & 1 & 0 & 0 \\ 0 & 0 & 1 & 0 \\ 0 & 0 & 0 & 1 \end{pmatrix}$$

Tal matriz pode ser escrita em uma notação reduzida como $\left(g_{\mu\nu}\right) = \text{diag}(-1, 1, 1, 1)$. Na literatura, muitos autores fizeram outras escolhas com o sinal inverso, pelo fato de que se pode escrever o elemento de linha quadridimensional deste modo:

---

* Trocamos as letras do alfabeto romano convencional para o alfabeto grego. Na literatura, usa-se o alfabeto romano para o espaço tridimensional, e o grego para o quadridimensional.

$$ds^2 = c^2dt^2 - \left(dx^2 + dy^2 + dz^2\right)$$

Tal elemento pode também ser é escrito com outra métrica:

$$\left(g_{\mu\nu}\right)_{BD} = \begin{pmatrix} 1 & 0 & 0 & 0 \\ 0 & -1 & 0 & 0 \\ 0 & 0 & -1 & 0 \\ 0 & 0 & 0 & -1 \end{pmatrix}$$

Essa métrica é conhecida como *métrica de Bjorken--Drell* $\left(g_{\mu\nu}\right) = \text{diag}(1, -1, -1, -1)$, mas usaremos a forma anterior apresentada $\left(g_{\mu\nu}\right) = \text{diag}(-1, 1, 1, 1)$. A métrica de Bjorken-Drell é muito utilizada na teoria de quântica de campos, e esta que utilizaremos é mais recorrente em relatividade geral.

Dando sequência, conhecemos os quadrivetores sabendo que $\vec{r} = (x, y, z)$:

$$x^\mu = \left(ct, \vec{r}\right), \quad x_\mu = \left(ct, -\vec{r}\right)$$

Seguem os quadrivetores momento-energia da relatividade restrita:

$$p^\mu = \left(\frac{E}{c}, \vec{p}\right), \quad p_\mu = \left(\frac{E}{c}, -\vec{p}\right)$$

sabendo que o fator gama é escrito como:

$$\gamma = \frac{1}{\sqrt{1-\beta^2}}$$

sendo $\beta = \frac{v}{c}$. Assim, torna-se possível escrever as transformações de Lorentz para as coordenadas x^μ e x_μ matricialmente:

$$\begin{pmatrix} x'^0 \\ x'^1 \\ x'^2 \\ x'^3 \end{pmatrix} = \begin{pmatrix} \gamma & -\beta\gamma & 0 & 0 \\ -\beta\gamma & \gamma & 0 & 0 \\ 0 & 0 & 1 & 0 \\ 0 & 0 & 0 & 1 \end{pmatrix} \begin{pmatrix} x^0 \\ x^1 \\ x^2 \\ x^3 \end{pmatrix} \rightarrow x'^{\mu} = \Lambda^{\mu}_{\nu} x^{\nu}$$

$$\begin{pmatrix} x'_0 \\ x'_1 \\ x'_2 \\ x'_3 \end{pmatrix} = \begin{pmatrix} \gamma & \beta\gamma & 0 & 0 \\ \beta\gamma & \gamma & 0 & 0 \\ 0 & 0 & 1 & 0 \\ 0 & 0 & 0 & 1 \end{pmatrix} \begin{pmatrix} x_0 \\ x_1 \\ x_2 \\ x_3 \end{pmatrix} \rightarrow x'_{\mu} = \Lambda_{\mu}^{\nu} x_{\nu}$$

Deixamos a critério do(a) leitor(a) realizar a manipulação algébrica para retomar as transformações de Lorentz (lembre-se de que $x_0 = x^0 = ct$).

Em geral, os quadrivetores são expressos assim:

$$A^{\mu} = \left(A^0, \vec{A}\right), \quad A_{\mu} = \left(A_0, -\vec{A}\right)$$

sendo $A^0 = A_0$. Em Minkowski, as transformações dos quadrivetores são as mesmas do espaço em geral, ou seja, as transformações de Lorentz:

$$\begin{pmatrix} A'^0 \\ A'^1 \\ A'^2 \\ A'^3 \end{pmatrix} = \begin{pmatrix} \gamma & -\gamma\beta & 0 & 0 \\ -\gamma\beta & \gamma & 0 & 0 \\ 0 & 0 & 1 & 0 \\ 0 & 0 & 0 & 1 \end{pmatrix} \begin{pmatrix} A^0 \\ A^1 \\ A^2 \\ A^3 \end{pmatrix} \rightarrow A'^{\mu} = \Lambda^{\mu}_{\nu} A^{\nu}$$

$$\begin{pmatrix} A'_0 \\ A'_1 \\ A'_2 \\ A'_3 \end{pmatrix} = \begin{pmatrix} \gamma & \gamma\beta & 0 & 0 \\ \gamma\beta & \gamma & 0 & 0 \\ 0 & 0 & 1 & 0 \\ 0 & 0 & 0 & 1 \end{pmatrix} \begin{pmatrix} A_0 \\ A_1 \\ A_2 \\ A_3 \end{pmatrix} \rightarrow A'_{\mu} = \Lambda_{\mu}^{\nu} A_{\nu}$$

$$\begin{cases} A'^0 = \gamma\left(A^0 - \beta A^1\right) \\ A'^1 = \gamma\left(A^1 - \beta A^0\right) \\ A'^2 = A^2 \\ A'^3 = A^3 \end{cases} \text{ e } \begin{cases} A'_0 = \gamma\left(A_0 - (v/c)A_1\right) \\ A'_1 = \gamma\left(A_1 - (v/c)A_0\right) \\ A'_2 = A_2 \\ A'_3 = A_3 \end{cases}$$

Entretanto, é necessário ter uma atenção especial para o seguinte fato: as transformações de Lorentz recém-apresentadas com o tensor de Lorentz representam uma coisa; e a transformação de um vetor contravariante em um covariante e vice-versa, feita com a métrica de Minkowski, é outra:

$$A^\mu = g^{\mu\nu} A_\nu$$

Essa estrutura de Lorentz é utilizada para definir tensores nesse espaço de Minkowski e é dada por:

$$T'^{\mu\nu} = \Lambda^\mu{}_\alpha \Lambda^\nu{}_\beta T^{\alpha\beta}$$

$$T'_{\mu\nu} = \Lambda_\mu{}^\alpha \Lambda_\nu{}^\beta T_{\alpha\beta}$$

De modo prático:

- Métrica $g_{\mu\nu}$: serve para levantar e abaixar índices.
- Tensor Λ^ν_μ: tem relação com o jacobiano da transformação de coordenadas.

Além disso, ressaltamos que tanto a métrica quanto o tensor de Lorentz têm uma relação de ortogonalidade:

$$\Lambda^\mu{}_\nu \Lambda_\mu{}^\alpha = \delta^\alpha_\nu$$

$$g^{\mu\nu} g_{\mu\alpha} = \delta^\nu_\alpha$$

Ainda, o comportamento do tensor de Levi-Civita apresenta suas versões covariante e contravariante:

$$\epsilon^{0123} = 1, \quad \epsilon_{0123} = -1$$

e difere do caso euclidiano, tendo as seguintes relações importantes:

$$\epsilon^{\mu\nu\rho\lambda} \epsilon_{\alpha\beta\eta\theta} = -\det \begin{vmatrix} \delta^\mu_\alpha & \delta^\mu_\beta & \delta^\mu_\eta & \delta^\mu_\theta \\ \delta^\nu_\alpha & \delta^\nu_\beta & \delta^\nu_\eta & \delta^\nu_\theta \\ \delta^\rho_\alpha & \delta^\rho_\beta & \delta^\rho_\eta & \delta^\rho_\theta \\ \delta^\lambda_\alpha & \delta^\lambda_\beta & \delta^\lambda_\eta & \delta^\lambda_\theta \end{vmatrix}$$

$$\epsilon^{\mu\nu\rho\lambda} \epsilon_{\alpha\beta\eta\lambda} = -\det \begin{vmatrix} \delta^\mu_\alpha & \delta^\mu_\beta & \delta^\mu_\eta \\ \delta^\nu_\alpha & \delta^\nu_\beta & \delta^\nu_\eta \\ \delta^\rho_\alpha & \delta^\rho_\beta & \delta^\rho_\eta \end{vmatrix}$$

$$\epsilon^{\mu\nu\rho\lambda} \epsilon_{\alpha\beta\rho\lambda} = -2\left(\delta^\mu_\alpha \delta^\nu_\beta - \delta^\mu_\beta \delta^\nu_\alpha\right)$$

$$\epsilon^{\mu\nu\rho\lambda} \epsilon_{\alpha\nu\rho\lambda} = -6\delta^\mu_\alpha$$

$$\epsilon^{\mu\nu\rho\lambda} \epsilon_{\mu\nu\rho\lambda} = -24$$

Exemplificando

Na relatividade, tanto na restrita quanto na geral, procuramos conhecer alguns invariantes. Calculemos, então, $p_\mu p^\mu$:

Para isso, temos de recrutar os quadrivetores:

$$p^\mu = \left(\frac{E}{c}, \vec{p}\right), \quad p_\mu = \left(\frac{E}{c}, -\vec{p}\right)$$

Em seguida, realizamos o produto escalar entre eles:

$$p_\mu p^\mu = \left(\frac{E}{c}, -\vec{p}\right) \cdot \left(\frac{E}{c}, \vec{p}\right) = \frac{E^2}{c^2} - |\vec{p}|^2$$

Usando a relação $E^2 = (pc)^2 + (mc^2)^2$, obtemos:

$$p_\mu p^\mu = \frac{(pc)^2 + (mc^2)^2}{c^2} - p^2$$

$$p_\mu p^\mu = mc^2$$

Destacamos que o invariante $p_\mu p^\mu$ guarda uma relação com a quantidade de massa da partícula.

5.4.2 Equações de Maxwell no formalismo tensorial

Temos de apresentar, ainda, as equações de Maxwell nesse formalismo tensorial, pois, além de serem muito utilizadas, fazem parte de uma das teorias que forneceu a base para essa construção tensorial lastreada pelo princípio da relatividade restrita.

Lembre-se de que a quebra de paradigma da estrutura do espaço-tempo surgiu da não covariância das equações de Maxwell sob as transformações de Galileu. A velocidade da luz é a invariante de Lorentz e, por empirismo, a carga de uma partícula também. Isso significa que elas não dependem do referencial adotado.

No entanto, antes de avançarmos, retomemos as equações de Maxwell no formalismo vetorial:

$$\vec{\nabla} \cdot \vec{E} = \frac{\rho}{\epsilon_0}$$

$$\vec{\nabla} \cdot \vec{B} = 0$$

$$\vec{\nabla} \times \vec{E} = -\frac{\partial \vec{B}}{\partial t}$$

$$\vec{\nabla} \times \vec{B} = \mu_0 \vec{J} + \mu_0 \epsilon_0 \frac{\partial \vec{E}}{\partial t}$$

sendo ρ a densidade volumétrica de cargas, $\vec{J}$ a densidade de corrente, μ_0 a permeabilidade magnética e ϵ_0 a permissividade elétrica do vácuo.

Começaremos definindo o vetor quadricorrente:

$$j^\mu = \left(c\rho, \vec{J}\right), \quad j_\mu = \left(c\rho, -\vec{J}\right)$$

A conservação de carga é dada pela equação da continuidade:

$$\partial_\mu j^\mu = \frac{\partial j^0}{\partial x^0} + \frac{\partial j^1}{\partial x^1} + \frac{\partial j^2}{\partial x^2} + \frac{\partial j^3}{\partial x^3} = c\frac{\partial \rho}{c\partial t} + \vec{\nabla} \cdot \vec{J} = 0$$

Na forma tensorial, essa equação se torna $\partial_\mu j^\mu = 0$. Além disso, é necessário estabelecer o vetor quadripotencial que tem as coordenadas do potencial escalar ϕ e do potencial vetor $\vec{A}$:

$$A^\mu = \left(\frac{\phi}{c}, \vec{A}\right), \quad A_\mu = \left(\frac{\phi}{c}, -\vec{A}\right)$$

Embora os cursos de eletromagnetismo foquem no potencial escalar, o potencial vetor é fundamental para toda a formulação tensorial. Convém, então, relembrar as relações entre os campos e potenciais, dadas por:

$$\vec{E} = -\vec{\nabla}\phi - \frac{\partial \vec{A}}{\partial t}, \quad \vec{B} = \vec{\nabla} \times \vec{A}$$

Os potenciais escalar e vetor têm uma dinâmica ondulatória em consequência das equações de Maxwell:

$$\Box^2 \phi = -\frac{\rho}{\epsilon_0}$$

$$\Box^2 \vec{A} = -\mu_0 \vec{J}$$

Com a definição apropriada do operador de D'Alembert, que consiste em uma generalização do operador Laplaciano:

$$\Box^2 = \vec{\nabla} - \frac{1}{c^2}\frac{\partial^2}{\partial t^2}$$

a velocidade de propagação é igual a $c = (\mu_0 \epsilon_0)^{-1/2}$. Considerando o exposto, definiremos o tensor eletromagnético (também chamado de *tensor de Faraday*):

$$\left(F^{\mu\nu}\right) = \begin{pmatrix} 0 & E_x/c & E_y/c & E_z/c \\ -E_x/c & 0 & B_z & -B_y \\ -E_y/c & -B_z & 0 & B_x \\ -E_z/c & B_y & -B_x & 0 \end{pmatrix}$$

Trata-se de um tensor de segunda ordem antissimétrico, construído por meio da sua definição em termos do quadrivetor potencial:

$$F^{\mu\nu} = \partial^\mu A^\nu - \partial^\nu A^\mu$$

Calculando uma das componentes:

$$F^{01} = \frac{\partial A^1}{\partial x_0} - \frac{\partial A^0}{\partial x_1} = \frac{\partial A_x}{\partial(ct)} - \frac{\partial\left(\frac{\phi}{c}\right)}{\partial x} = -\frac{1}{c}\left(\frac{\partial A_x}{\partial t} - \frac{\partial \phi}{\partial x}\right) = \frac{E_x}{c}$$

Deixaremos você, leitor(a), a cargo das outras cinco, pois sabemos que $F^{\mu\mu} = 0$, por ser antissimétrico por construção. O tensor eletromagnético em sua forma covariante se apresenta assim na representação matricial:

$$\left(F_{\mu\nu}\right) = \begin{pmatrix} 0 & -E_x/c & -E_y/c & -E_z/c \\ E_x/c & 0 & -B_z & B_y \\ E_y/c & B_z & 0 & -B_x \\ E_z/c & -B_y & B_x & 0 \end{pmatrix}$$

Depois dessa construção, podemos, enfim, escrever as três equações de Maxwell com fontes na forma tensorial:

$$\partial_\nu F^{\mu\nu} = \mu_0 j^\mu$$

Além de ser uma forma ainda mais reduzida (lembre-se de que as equações vetoriais já são escritas de modo vetorialmente reduzido), é bastante elegante e nos garante a equação da continuidade por uma questão geométrica:

$$\partial_\mu \partial_\nu F^{\mu\nu} = \mu_0 \underbrace{\partial_\mu j^\mu}_{0} = 0$$

O tensor eletromagnético é antissimétrico, e o $\partial_\mu \partial_\nu$ é simétrico, sendo seu produto nulo:

$$\partial_\mu \partial_\nu F^{\mu\nu} = -\partial_\nu \partial_\mu F^{\nu\mu} = -\partial_\mu \partial_\nu F^{\mu\nu} \rightarrow 2\partial_\mu \partial_\nu F^{\mu\nu} = 0$$

As outras equações de Maxwell também decorrem de uma questão geométrica:

$$\epsilon^{\nu\mu\alpha\beta} \partial_\mu F_{\alpha\beta} = 0$$

Pela definição do tensor, obtemos produtos de tensores simétricos e antissimétricos:

$$\underbrace{\epsilon^{\nu\mu\alpha\beta}}_{\text{antisim}} \partial_\mu \left(\partial^\alpha A^\beta - \partial^\beta A^\alpha \right) = \underbrace{\epsilon^{\nu\mu\alpha\beta}}_{\text{antisim}} \underbrace{\partial_\mu \partial^\alpha}_{\text{sim}} A^\beta - \underbrace{\epsilon^{\nu\mu\nu\alpha\beta}}_{\text{antisim}} \underbrace{\partial_\mu \partial^\beta}_{\text{sim}} A^\alpha = 0$$

Exemplificando

Vamos praticar a "musculação dos índices" para cima e para baixo. Certamente, você percebeu que existe uma estrutura de índices somados. Agora, usaremos a métrica para mostrar que as leis e as equações são as mesmas, mas têm estruturas dos índices em cima e embaixo. Começaremos com as equações de Maxwell:

$$\partial_\nu F^{\mu\nu} = \mu_0 j^\mu$$

Temos de baixar o índice μ e multiplicá-lo pela métrica $g_{\mu\alpha}$ em ambos os lados:

$$g_{\mu\alpha} \partial_\nu F^{\mu\nu} = \mu_0 g_{\mu\alpha} j^\mu$$

Sabendo que $g_{\mu\alpha} F^{\mu\nu} = F_\alpha^\nu$ e $g_{\mu\alpha} j^\mu = j_\alpha$:

$$\partial_\nu F_\alpha^\nu = \mu_0 j_\mu$$

Agora, usaremos o tensor momento-energia do eletromagnetismo, dado por:

$$T_{\mu\nu} = -F_{\mu\gamma} F_\nu^\gamma + \frac{1}{4} g_{\mu\nu} F^{\alpha\beta} F_{\alpha\beta}$$

Levantamos os índices multiplicando-os por $g^{\mu\rho}g^{\nu\sigma}$:

$$g^{\mu\rho}g^{\nu\sigma}T_{\mu\nu} = -g^{\mu\rho}g^{\nu\sigma}F_{\mu\gamma}F_{\nu}^{\gamma} + \frac{1}{4}g_{\mu\nu}g^{\mu\rho}g^{\nu\sigma}F^{\alpha\beta}F_{\alpha\beta}$$

Primeiramente, no lado esquerdo da equação:

$$g^{\mu\rho}\underbrace{g^{\nu\sigma}T_{\mu\nu}}_{T_{\mu}^{\sigma}} = g^{\mu\rho}T_{\mu}^{\sigma} = T^{\rho\sigma}$$

Depois, no lado direito:

$$-\underbrace{\left(g^{\mu\rho}F_{\mu\gamma}\right)}_{F_{\gamma}^{\rho}}\underbrace{\left(g^{\nu\sigma}F_{\nu}^{\gamma}\right)}_{F^{\sigma\gamma}} + \frac{1}{4}\underbrace{\left(g_{\mu\nu}g^{\mu\rho}g^{\nu\sigma}\right)}_{g^{\rho\sigma}}F^{\alpha\beta}F_{\alpha\beta}$$

Logo, temos:

$$T^{\rho\sigma} = -F_{\gamma}^{\rho}F^{\sigma\gamma} + \frac{1}{4}g^{\rho\sigma}F^{\alpha\beta}F_{\alpha\beta}$$

Esse tipo de manipulação algébrica é muito comum quando se trata de tensores.

5.5 Espaços curvos: a relatividade geral

Anteriormente, abordamos os tensores covariantes e contravariantes, os quais se comportam de formas diferentes, além da métrica que define a geometria do espaço. Esse formalismo é muito poderoso e oferece diversos benefícios. Einstein recorria a esse contexto para desenvolver suas ideias, auxiliado pelo matemático Marcel Grossmann.

Além de tratarmos da relatividade geral, apresentaremos alguns elementos de geometria diferencial recorrentes em quase todas as áreas da física contemporânea, como teoria de cordas ou supercordas, gravitação quântica de laço (*loop quantum gravity*) etc. Enfim, esse tipo de situação tensorial faz parte do trabalho do pesquisador em física.

Didaticamente, tomaremos um elemento de linha definido em um espaço curvo caracterizado por uma métrica:

$$ds^2 = g_{\mu\nu}(x)dx^\mu dx^\nu$$

Considerando, também, a transformação de um sistema de coordenadas, o novo sistema* x' é função das coordenadas x, dado por:

$$x'^\mu = x'^\mu\left(x^0, x^1, x^2, x^3\right)$$

Chamamos *vetor contravariante* o vetor que se transforma:

$$A'^\mu = \frac{\partial x'^\mu}{\partial x^\nu} A^\nu$$

e de *tensor contravariante* o tensor que se transforma:

$$T'^{\mu\nu} = \frac{\partial x'^\mu}{\partial x^\alpha} \frac{\partial x'^\nu}{\partial x^\beta} T^{\alpha\beta}$$

Já os covariantes se transformam como o gradiente, deste modo:

---

* Deste ponto em diante, abandonaremos a notação $(x')^i$.

$$A'_\mu = \frac{\partial x^\nu}{\partial x'^\mu} A_\nu$$

E o tensor covariante se transforma de acordo com esta equação:

$$T'_{\mu\nu} = \frac{\partial x^\alpha}{\partial x'^\mu} \frac{\partial x^\beta}{\partial x'^\nu} T_{\alpha\beta}$$

Essa notação é feita de maneira que o local da coordenada transformada "acompanhe" o índice:

- contravariante: índice em cima e coordenada linha no numerador;
- covariante: índice embaixo com coordenada linha no denominador;

Os mistos seguem essa regra, contendo as duas transformações. Finalizando essa rápida digressão, o produto escalar entre dois vetores é invariante, ou seja:

$$U'_\mu V'^\mu = \frac{\partial x^\alpha}{\partial x'^\mu} \frac{\partial x'^\mu}{\partial x^\beta} U_\alpha V^\beta = \frac{\partial x^\alpha}{\partial x^\beta} U_\alpha V^\beta = \delta^\alpha_\beta U_\alpha V^\beta = U_\alpha V^\alpha$$

Por sua vez, a métrica é utilizada para esse "abaixar" e "levantar" de índices:

$$A^\mu = g^{\mu\nu} A_\nu, \quad A_\mu = g_{\mu\nu} A^\nu$$

Isso conduz à seguinte relação:

$$g^{\mu\nu} g_{\mu\alpha} = \delta^\nu_\alpha$$

Para a invariância do produto escalar, tal relação tem de ser obrigatoriamente verdadeira, pois:

$$A^\mu A_\mu = g^{\mu\nu} A_\nu g_{\mu\alpha} A^\alpha = \underbrace{g^{\mu\nu} g_{\mu\alpha}}_{\delta^\nu_\alpha} A_\nu A^\alpha = A_\nu A^\alpha = A^\alpha A_\alpha$$

Por fim, não é somente a estrutura de índices que é modificada, mas toda a forma de tratar os vetores. Os tensores são como elementos fundamentais que definem o espaço, e logo a seguir surgem algumas características interessantes, como a curvatura do espaço e o modo de transportá-los em tal espaço.

5.5.1 Derivada covariante

Para explicarmos o que é a derivada covariante, temos de assinalar justamente a característica curvada do espaço-tempo. Nessa perspectiva, imagine a Terra aproximadamente esférica que localmente é plana – uma das características principais das variedades diferenciáveis*. Agora, suponha um vetor qualquer que tangencia a superfície do planeta e você pode "levar" esse vetor até outro continente por dois caminhos diferentes. Assim, você perceberá que a depender de como transporta esse vetor, algumas características mudam.

* Uma variedade diferenciável é um objeto matemático que pode ser descrito por funções suaves (com derivadas contínuas) em partes pequenas. Essa estrutura suave permite que a variedade tenha propriedades diferenciais bem-comportadas e é usada para estudar objetos geométricos e problemas em física e em áreas da matemática. Expresso de outro modo, trata-se de uma forma matemática de descrever superfícies curvas ou outros objetos que podem ser analisados com cálculo diferencial. Uma variedade diferenciável é localmente plana se, em cada ponto, assemelha-se a uma folha de papel plana. Isso significa que, em pequenas regiões, ela se parece com um espaço euclidiano, como um plano.

Figura 5.2 – Derivada covariante

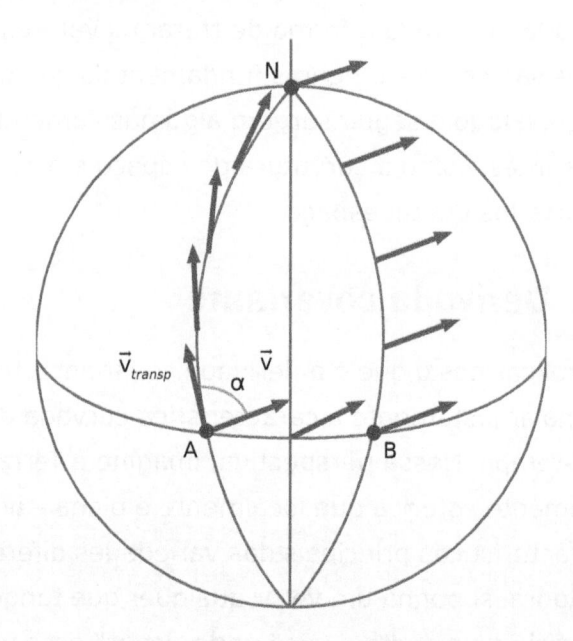

Observe, na Figura 5.2, que o vetor $\vec{v}$ inicialmente com origem em A é transportado até B, depois até N, até retornar para A. Ao final, há um vetor $\vec{v}_{transp}$, que faz um ângulo α com a versão que não foi transportada $\vec{v}$.

Para resolver essa questão, não podemos simplesmente estabelecer o conceito de derivada partindo da diferença $A_\mu(x+dx) - A_\mu$, pois não é possível comparar os valores nesses pontos, já que tudo depende da curvatura do espaço. Sendo assim, definiremos o processo de deslocamento paralelo, por meio do qual o vetor se transforma em:

$$A_\mu(x) \to A_\mu + \Gamma^\alpha_{\mu\nu} A_\alpha dx^\nu$$

sendo os coeficientes de $\Gamma^\alpha_{\mu\nu}$ termos que incorporam essa característica curva do espaço e que determinam localmente a conexão. Agora, há como indicar a derivada covariante, na notação $D_\nu A_\mu$:

$$dx^\nu D_\nu A_\mu = A_\mu(x+dx) - \left\{A_\mu(x) + \Gamma^\alpha_{\mu\nu} A_\alpha dx^\nu\right\}$$

$$dx^\nu D_\nu A_\mu = dx^\nu \left\{\partial_\nu A_\mu - \Gamma^\alpha_{\mu\nu} A_\alpha\right\}$$

$$D_\nu A_\mu = \partial_\nu A_\mu - \Gamma^\alpha_{\mu\nu} A_\alpha$$

Vale lembrar que já definimos $\partial_\nu = \dfrac{\partial}{\partial x^\nu}$. Com relação à notação reduzida, uma vez que na relatividade geral adota-se uma notação carregada, a derivada covariante é escrita desta forma:

$$A_{\mu;\nu} = A_{\mu,\nu} - \Gamma^\alpha_{\mu\nu} A_\alpha$$

Note que o ponto-e-vírgula é aplicado à derivada covariante, e a vírgula, à derivada parcial nas coordenadas. A generalização para tensores de ordens mais altas se dá por uma conexão para cada índice, como segue:

$$T_{\mu\nu;\alpha} = T_{\mu\nu,\alpha} - \left(\Gamma^\beta_{\mu\alpha} T_{\beta\nu} + \Gamma^\beta_{\nu\alpha} T_{\mu\beta}\right)$$

Já para os escalares, isto é, tensores de ordem zero, a derivada covariante não difere da usual:

$$\Psi_{;\mu} = \Psi_{,\mu}$$

Uma das características da derivada covariante se refere à regra do produto da derivada igual à usual. Por sua vez, a derivada de um vetor contravariante é dada por:

$$A^{\mu}_{;\nu} = A^{\mu}_{,\nu} - \Gamma^{\mu}_{\alpha\nu}A^{\alpha}$$

Retomando a discussão sobre o uso dos tensores, salientamos que o uso deles na física ocorre por uma questão de universalidade das leis, já que os tensores terão a mesma forma, independentemente do sistema de coordenadas escolhido. Sob essa ótica, a derivada covariante de um vetor corresponde a um tensor de segunda ordem, mas a derivada convencional não. Ou seja, esse contexto sugere que a conexão também não consiste em um tensor – e, de fato, não é.

Portanto, temos de realizar a transformação de coordenadas na derivada covariante, ficando $(D_\nu A_\mu)'$, e promover a mudança para cada um dos elementos:

$$(D_\nu A_\mu)' = \partial'_\nu A'_\mu - \Gamma'^{\mu}_{\alpha\nu} A'^{\alpha}$$

$$(D_\nu A_\mu)' = \partial'_\nu \left(\frac{\partial x^\beta}{\partial x'^\mu} A_\beta\right) - \Gamma'^{\mu}_{\alpha\nu} \left(\frac{\partial x^\beta}{\partial x'^\mu} A_\beta\right)$$

Pela regra do produto no primeiro termo:

$$(D_\nu A_\mu)' = \left(\partial'_\nu \frac{\partial x^\beta}{\partial x'^\mu}\right) A_\beta + \frac{\partial x^\beta}{\partial x'^\mu}\left(\partial'_\nu A_\mu\right) - \Gamma'^{\mu}_{\alpha\nu}\left(\frac{\partial x^\beta}{\partial x'^\mu} A_\beta\right)$$

Alterando a notação de ∂'_ν para $\dfrac{\partial}{\partial x'^\nu}$, usando a regra da cadeia no segundo termo e arrumando sistematicamente a expressão, chegamos a:

$$\left(D_\nu A_\mu\right)' = \left(\frac{\partial x^\beta}{\partial x'^\mu}\frac{\partial x^\alpha}{\partial x'^\nu}\partial_\alpha A_\beta\right) + \left\{\left(\frac{\partial^2 x^\beta}{\partial x'^\nu \partial x'^\mu}\right) - \Gamma'^\mu_{\alpha\nu}\left(\frac{\partial x^\beta}{\partial x'^\mu}\right)\right\} A_\beta$$

Embora a expressão pareça destoar da definição convencional de tensores, considerando que o primeiro termo parece se comportar como um tensor, sabemos que a derivada covariante será um tensor:

$$\left(D_\nu A_\mu\right)' = \frac{\partial x^\beta}{\partial x'^\mu}\frac{\partial x^\alpha}{\partial x'^\nu} D_\alpha A_\beta$$

Quando a conexão se transformar como segue, estabelecendo que o segundo termo seja uma transformação tensorial:

$$\Gamma'^\mu_{\alpha\nu} = \frac{\partial x'^\mu}{\partial x^\theta}\frac{\partial x^\sigma}{\partial x'^\alpha}\frac{\partial x^\gamma}{\partial x'^\nu}\Gamma^\theta_{\sigma\gamma} + \left(\frac{\partial x'^\mu}{\partial x^\eta}\right)\left(\frac{\partial^2 x^\eta}{\partial x'^\mu \partial x'^\nu}\right)$$

costumeiramente é denominada *símbolos de Christoffel do segundo tipo*. Na relatividade geral, faz-se a separação de tais objetos em simétricos e antissimétricos, na forma:

$$\Gamma^\sigma_{\mu\nu} = \frac{1}{2}\left(\Gamma^\sigma_{\mu\nu} + \Gamma^\sigma_{\nu\mu}\right) + \frac{1}{2}\left(\Gamma^\sigma_{\mu\nu} - \Gamma^\sigma_{\nu\mu}\right) = \frac{1}{2}\Gamma^\sigma_{(\mu\nu)} + \frac{1}{2}\Gamma^\sigma_{[\mu\nu]}$$

Então, podemos definir o tensor de torção:

$$T^\sigma_{\mu\nu} = \frac{1}{2}\left(\Gamma^\sigma_{\mu\nu} - \Gamma^\sigma_{\nu\mu}\right)$$

Convencionalmente, admite-se uma variedade sem torção na relatividade geral. Logo, $T^\sigma_{\mu\nu} = 0$. Sabendo que a derivada covariante da métrica é zero, podemos encontrar uma definição do símbolo de Christoffel em relação às derivadas da métrica, após uma intensa álgebra tensorial com permutações:

$$\Gamma^{\sigma}_{\mu\nu} = \frac{1}{2}g^{\sigma\alpha}\left(\partial_\nu g_{\alpha\mu} + \partial_\mu g_{\nu\alpha} - \partial_\nu g_{\mu\nu}\right)$$

Para encerrar, também existe o símbolo de Christoffel do primeiro tipo:

$$\Gamma_{\beta\mu\nu} = g_{\sigma\beta}\Gamma^{\sigma}_{\mu\nu}$$

o qual se manifesta principalmente no cálculo de equações do movimento.

5.5.2 Tensor de curvatura

Para obter o tensor de curvatura, precisamos encontrar a segunda derivada covariante, que, no cálculo convencional, serve para analisar a concavidade de uma função:

$$D_\alpha D_\nu A_\mu - D_\nu D_\alpha A_\mu = 2\Gamma^{\sigma}_{[\alpha\nu]}D_\sigma A_\mu + R^{\sigma}_{\mu\nu\alpha}A_\sigma$$

O tensor de curvatura é definido pela seguinte equação:

$$R^{\sigma}_{\mu\nu\alpha} = \partial_\nu \Gamma^{\sigma}_{\mu\alpha} - \partial_\alpha \Gamma^{\sigma}_{\mu\nu} + \Gamma^{\lambda}_{\mu\alpha}\Gamma^{\sigma}_{\lambda\nu} - \Gamma^{\lambda}_{\mu\nu}\Gamma^{\sigma}_{\lambda\alpha}$$

Sem torção, ou seja, com $\Gamma^{\sigma}_{[\alpha\nu]} = 0$, ficamos com:

$$D_\alpha D_\nu A_\mu - D_\nu D_\alpha A_\mu = R^{\sigma}_{\mu\nu\alpha}A_\sigma$$

A seguir, apresentamos algumas propriedades do tensor de curvatura (também chamado de *tensor de Riemann*):

- Antissimétrico nos dois últimos índices:

$$R^{\sigma}_{\mu\nu\kappa} = -R^{\sigma}_{\mu\kappa\nu}$$

- Obedece a uma identidade chamada *identidade de Bianchi* (com sua versão com derivadas covariantes):

$$R^\sigma_{\mu\nu\kappa} + R^\sigma_{\kappa\mu\nu} + R^\sigma_{\nu\kappa\mu} = 0$$

$$D_\lambda R^\sigma_{\mu\nu\kappa} + D_\kappa R^\sigma_{\mu\lambda\nu} + D_\nu R^\sigma_{\mu\kappa\lambda} = 0$$

- Algumas quantidades importantes nesse contexto, fundamentais para a relatividade geral, são o tensor de Ricci e o escalar de curvatura, respectivamente:

$$R^{\mu\nu} = R^\kappa_{\mu\nu\kappa}$$

$$R = R^{\mu\nu} g_{\mu\nu}$$

Finalizando, temos a equação de campo de Einstein, construída com todo o conhecimento acumulado relativo aos tensores no espaço-curvo. O cientista identificou o vácuo como $R^{\mu\nu} = 0$. Isso significa que só existe o campo gravitacional, sem objetos com matéria-energia. Entretanto, essa não é a forma mais geral para a formulação geométrica.

Acompanhe, a seguir, a equação de Einstein no vácuo:

$$G^{\mu\nu} = R^{\mu\nu} - \frac{1}{2} g^{\mu\nu} R = 0$$

O $G^{\mu\nu}$ é denominado *tensor de Einstein* e depende apenas da estrutura do espaço-tempo. Tal tensor é construído com base em todas as identidades do tensor de Bianchi. Trata-se de uma dedução extensa, mas baseada na mecânica newtoniana como um limite específico.

Assim, chegamos à equação com o conteúdo de matéria, dada pelo tensor momento-energia $T^{\mu\nu}$:

$$G^{\mu\nu} = R^{\mu\nu} - \frac{1}{2}g^{\mu\nu}R = \frac{8\pi G}{c^4}T^{\mu\nu}$$

em que G corresponde à constante universal da gravitação. Essa equação, apesar de sua difícil resolução (pois contém diversas equações diferenciais parciais), foi resolvida em sequência por Karl Schwarzschild.

5.5.3 Métrica de Schwarzschild

Para finalizarmos este capítulo, abordaremos a solução da equação de Einstein para chegar à primeira solução de buraco negro, dada por Schwarzschild, que corresponde à curvatura do espaço-tempo na região externa a uma distribuição de massa simetricamente esférica. Essa solução é mais simples com o tensor de energia-momento nulo, pois não há matéria nem campos de origem eletromagnética.

Com isso, a equação de Einstein passa a ser:

$$G^{\mu\nu} = R^{\mu\nu} - \frac{1}{2}g^{\mu\nu}R = 0$$

Contraindo a equação com a métrica $g_{\mu\nu}$, sabendo que $g_{\mu\nu}g^{\mu\nu} = \delta^\nu_\nu = 4$ e conhecendo a definição do escalar de Ricci:

$$g_{\mu\nu}R^{\mu\nu} - \frac{1}{2}g_{\mu\nu}g^{\mu\nu}R = R - \frac{1}{2}4R = 0 \to R = 0$$

o que conduz à equação de campo no vácuo:

$$R_{\mu\nu} = 0$$

Na representação matricial, essa equação corresponde a uma matriz 4 × 4. Logo, há 16 equações diferenciais a serem resolvidas simultaneamente. Contudo, para obter a solução de Schwarzschild, partimos de um elemento de linha que apresenta a simetria esférica dada por:

$$ds^2 = \alpha(r,t)dr^2 + \beta(r,t)\left(d\theta^2 + sen^2\theta d\varphi^2\right) + \gamma(r,t)dt^2 + \delta(r,t)drdt$$

em que os termos são funções a serem encontradas. Após algumas simplificações usando invariâncias, transformações e condições específicas, a fim de obter o limite clássico de uma métrica de Minkowski e estática, obtemos:

$$ds^2 = e^{V(r)}dt^2 - e^{U(r)}dr^2 - r^2\left(d\theta^2 + sen^2\theta d\varphi^2\right) = \begin{pmatrix} e^{V(r)} & 0 & 0 & 0 \\ 0 & -e^{U(r)} & 0 & 0 \\ 0 & 0 & -r^2 & 0 \\ 0 & 0 & 0 & -r^2 sen^2\theta \end{pmatrix}$$

Isso posto, consideremos as seguintes equações:

$$R^{\mu\nu} = R^{\kappa}_{\mu\nu\kappa}$$

$$R^{\sigma}_{\mu\nu\alpha} = \partial_\nu \Gamma^{\sigma}_{\mu\alpha} - \partial_\alpha \Gamma^{\sigma}_{\mu\nu} + \Gamma^{\lambda}_{\mu\alpha}\Gamma^{\sigma}_{\lambda\nu} - \Gamma^{\lambda}_{\mu\nu}\Gamma^{\sigma}_{\lambda\alpha}$$

$$\Gamma^{\sigma}_{(\mu\nu)} = \frac{1}{2}g^{\sigma\alpha}\left(\partial_\nu g_{\alpha\mu} + \partial_\mu g_{\nu\alpha} - \partial_\nu g_{\mu\nu}\right)$$

A sistemática de solução é um tanto trabalhosa. Partindo do cálculo dos símbolos de Christoffel, chegando ao tensor de Riemann e depois ao tensor de Ricci:

$$R_{00} = e^{V-U}\left\{-\frac{1}{2}\frac{d^2V}{dr^2} - \left[\frac{1}{r} - \frac{1}{4}\left(\frac{dU}{dr} - \frac{dV}{dr}\right)\right]\frac{dV}{dr}\right\} = 0$$

$$R_{11} = \frac{d^2V}{dr^2} - \frac{1}{r}\frac{dU}{dr} + \frac{1}{4}\frac{dV}{dr}\left(\frac{dV}{dr} - \frac{dU}{dr}\right) = 0$$

$$R_{22} = e^{-U}\left\{1 - e^U + \frac{r}{2}\left(\frac{dV}{dr} - \frac{dU}{dr}\right)\right\} = 0$$

Resolvendo essas EDOs acopladas, obtemos a famosa métrica de Schwarzschild:

$$ds^2 = \left(1 - \frac{2m}{r}\right)dt^2 - \left(1 - \frac{2m}{r}\right)^{-1}dr^2 - r^2\left(d\theta^2 + \text{sen}^2\theta d\varphi^2\right) =$$

$$= \begin{pmatrix} \left(1 - \frac{2m}{r}\right) & 0 & 0 & 0 \\ 0 & -\left(1 - \frac{2m}{r}\right)^{-1} & 0 & 0 \\ 0 & 0 & -r^2 & 0 \\ 0 & 0 & 0 & -r^2\text{sen}^2\theta \end{pmatrix}$$

Essa solução demonstra facilmente duas singularidades: uma com r = 0 e outra $r_s = \frac{1}{2m}$, chamada de *raio de Schwarzschild*, que define o horizonte de eventos do buraco negro de Schwarzschild, estático e sem rotação.

Indicações culturais

Para saber mais sobre os buracos negros:

HAWKING, S. **Buracos negros**: palestra da BBC Reith Lectures. Rio de Janeiro: Intrínseca, 2016.

BURACOS negros: no limite do conhecimento. Direção: Peter Galison. Netflix, 2021. 99 min.

Síntese

Neste capítulo, apresentamos as equações integrais e a álgebra tensorial. Inicialmente, definimos as equações integrais e, em seguida, expusemos alguns usos e métodos de solução. Posteriormente, introduzimos os conceitos de álgebra tensorial e todos os seus desdobramentos, tanto na relatividade restrita quanto na relatividade geral, encerrando nossa abordagem com o buraco negro de Schwarzschild.

Atividades de autoavaliação

1) Qual resultado podemos encontrar usando a transformada de Fourier na equação integral de Fredholm?

$$\int_{-\infty}^{\infty} e^{-(x-y)^2} \phi(y) dy = e^{-x^2}$$

a) $\phi(y) = \delta(y)$

b) $\phi(y) = \delta(y^2)$

c) $\phi(y) = e^{-y}\delta(y)$

d) $\phi(y) = e^{y}\delta(y)$

e) $\phi(y) = y\delta(y)$

2) Uma das vantagens do uso de tensores é a notação reduzida, que possibilita deduções matemáticas elegantes e mais rápidas. Uma identidade vetorial muito utilizada é o produto escalar de dois vetores construídos com o produto vetorial, dada por:

$$(\vec{A} \times \vec{B}) \cdot (\vec{C} \times \vec{D})$$

Com base no produto escalar escrito na forma indicial $\vec{u} \cdot \vec{v} = u_i v_i$ e na componente k do produto vetorial $(\vec{u} \times \vec{v})_k = \epsilon_{ijk} u_i v_j$ (ambos na notação de Einstein), podemos encontrar:

a) $A_i B_i C_j D_j - A_i B_i C_j D_i = (\vec{A} \cdot \vec{C})(\vec{B} \cdot \vec{D}) - (\vec{A} \cdot \vec{D})(\vec{B} \cdot \vec{C})$

b) $A_i B_j C_i D_j - A_i B_j C_j D_i = (\vec{A} \cdot \vec{C})(\vec{B} \cdot \vec{D}) - (\vec{A} \cdot \vec{D})(\vec{B} \cdot \vec{C})$

c) $A_i B_j C_i D_j - A_i B_i C_j D_j = (\vec{A} \cdot \vec{C})(\vec{B} \cdot \vec{D}) - (\vec{A} \cdot \vec{D})(\vec{B} \cdot \vec{C})$

d) $A_i B_j C_i D_i - A_i B_i C_i D_i = (\vec{A} \cdot \vec{C})(\vec{B} \cdot \vec{D}) - (\vec{A} \cdot \vec{D})(\vec{B} \cdot \vec{C})$

e) $\epsilon_{ijk} A_i B_j C_i D_j - \epsilon_{ijk} A_i B_j C_j D_i = (\vec{A} \cdot \vec{C})(\vec{B} \cdot \vec{D}) - (\vec{A} \cdot \vec{D})(\vec{B} \cdot \vec{C})$

3) Sabendo que os objetos A_k e B^{ij} se relacionam como:

$$A_k = \frac{1}{2} \epsilon_{ijk} B^{ij}$$

sendo B^{ij} antissimétrico, como podemos escrever B^{ij} em função de A_k? (Dica: multiplique ambos os lados pelo tensor ϵ_{mnk} usando a relação entre o tensor de Levi-Civita e as deltas de Kronecker):

a) $B^{nm} = \epsilon_{nmk} A_k$

b) $B^{nm} = 2 \epsilon_{nmk} A_k$

c) $B^{nm} = -2 \epsilon_{nmk} A_k$

d) $B^{nm} = - \epsilon_{nmk} A_k$

e) $B^{nm} = \frac{1}{2} \epsilon_{nmk} A_k$

4) Demonstre que a derivada covariante do tensor métrico é nula, ou seja:

$$g_{\mu\nu;\sigma} = D_\sigma g_{\mu\nu} = 0$$

Além disso, mostre sua versão contravariante $g^{\mu\nu}_{;\sigma} = D_\sigma g^{\mu\nu} = 0$.

5) Os elementos de linha no $\mathbb{R}^3$ mais conhecidos são:

$$ds^2 = dx^2 + dy^2 + dz^2 \text{ – cartesiano}$$

$$ds^2 = dr^2 + r^2 d\theta + dz^2 \text{ – cilíndrico}$$

$$ds^2 = dr^2 + r^2 d\theta^2 + r^2 \text{sen}^2\theta d\phi^2 \text{ – esférico}$$

Calcule as componentes das métricas g_{ij}, g^{ij} e $g = \det(g_{ij})$.

Atividades de aprendizagem

Questões para reflexão

1) Esta é uma questão que gerará muita reflexão. Para encontrar soluções das equações de Einstein, por diversas vezes se faz necessário escrever o elemento de linha no espaço quadridimensional:

$$ds^2 = e^{\nu(t,r)} dt^2 - e^{\lambda(t,r)} dr^2 - r^2 d\theta^2 - r^2 \text{sen}^2\theta d\phi^2$$

Com base no exposto, calcule:

a) $g_{\mu\nu}$, $g^{\mu\nu}$ e $g = \det(g_{\mu\nu})$

b) $\Gamma^\alpha_{\mu\nu}$ (simétrico em μ e ν)

Depois, calcule $R_{\mu\nu\alpha\beta}$, $R_{\mu\nu}$ e R (use um *software* para fazer os cálculos).

2) Neste capítulo, fizemos a seguinte proposta geométrica: temos um espaço-tempo sem torção. Quais são as consequências imediatas quando consideramos a torção como elemento geométrico?

Atividade aplicada: prática

1) Nos mecanismos acadêmicos disponíveis na internet, faça uma pesquisa sobre os estudos brasileiros relacionados à relatividade geral. Em seguida, elabore um glossário com as palavras mais importantes citadas neste capítulo e suas respectivas traduções em inglês (busque no Google Acadêmico, Scopus, Arxiv etc.).

Introdução ao cálculo variacional

6

A ferramenta *cálculo variacional* se aplica a problemas gerais em que existe uma função a ser determinada que minimiza uma integral. Difere, portanto, do cálculo integral convencional, no qual se calcula o valor mínimo de certa função em um intervalo. As premissas dos cálculos variacional e diferencial são semelhantes, mas as metodologias são bem diferentes.

Os princípios variacionais foram desenvolvidos na mecânica clássica, mas podem ser estendidos facilmente a todas as áreas da física, por exemplo:

- ao princípio do caminho ótico mais curto de Fermat, na eletrodinâmica;
- à mecânica quântica e à teoria de campos, para encontrar o valor das autofunções e propagações das partículas;
- à física da matéria condensada, com o estudo da dinâmica de fônons, mágnons e outras soluções clássicas.

Enfim, em cenários nos quais há uma dinâmica e uma equação de movimento, o cálculo variacional pode ser utilizado, por se tratar de uma ferramenta poderosa na solução de problemas diversos.

6.1 Cálculo das variações

De certa forma, o cálculo variacional é uma generalização do cálculo elementar, pois aqui a quantidade a ser maximizada ou minimizada corresponde a um funcional, que pode ser assim definido:

$$I[y(x)] = \int_a^b F(y(x), y'(x), x)\,dx$$

Podemos nomear *I* como funcional de *y*, sendo *F* uma certa função de *y*, sua derivada e *x*. Como fica explícito, a integral não depende da variável de integração, mas sim do tipo de função *y*(*x*). Nesse ponto, a pergunta que emana é: para uma função *y*(*x*) que passa por dois pontos em comum *A* e *B*, existe um valor máximo (ou mínimo) para o funcional *I* [*y*]?

Figura 6.1 – Caminhos possíveis entre dois pontos

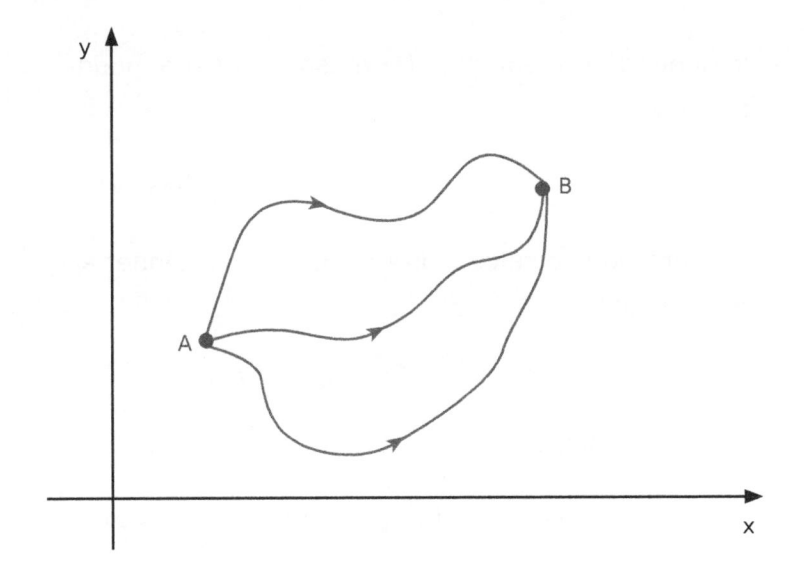

Enfatizamos que não estamos afirmando qual é a menor área ou quais seriam os pontos máximo e mínimo, estamos nos referindo apenas à função que minimizaria a integral *I* [*y*(*x*)].

Mobilizando o cálculo diferencial em nossa análise, é fácil generalizar: a variação de uma função quando nula pode ser expressa como:

$$dy = y(x+dx) - y(x) = 0$$

No contexto dos funcionais, assume-se que $\delta I = 0$, com uma notação construída para estabelecer uma diferença em relação à variação convencional do cálculo. Iniciemos com uma suposição, considerando o funcional escrito da seguinte forma:

$$I[y] = \int_a^b F(y(x), x) dx$$

sem dependência em $y'(x)$. Da mesma maneira, podemos escrever:

$$\delta I = I[y + \delta y] - I[y] = \int_a^b F(y(x) + \delta y(x), x) dx - \int_a^b F(y(x), x) dx$$

Recorrendo ao cálculo diferencial para entender a função usual F:

$$F(y + \delta y, x) = F(y, x) + \frac{\partial F}{\partial y} \delta y$$

é possível chegar à variação, escrita da seguinte forma:

$$\delta I = \int_a^b \left(F(y, x) + \frac{\partial F}{\partial y} \delta y \right) dx - \int_a^b F(y, x) dx = \int_a^b \frac{\partial F}{\partial y} \delta y(x) dx$$

Obviamente, se o objeto for nulo, o conteúdo da integral também será. Agora, analisemos um caso que envolve a dependência da derivada, realizando o cálculo anterior:

$$\delta I = I[y+\delta y, y'+\delta y'] - I[y] = \int_a^b \left(\frac{\partial F}{\partial y} \delta y(x) + \frac{\partial F}{\partial y'} \delta y'(x) \right) dx$$

Agora, precisamos fazer a segunda integral para ficar em função de δy. Para tanto, explicitamos a derivada:

$$\int_a^b \frac{\partial F}{\partial y'} \delta\left(\frac{dy}{dx}\right) dx = \int_a^b \frac{\partial F}{\partial y'} \delta(dy) = \int_a^b \frac{\partial F}{\partial y'} d(\delta y)$$

Essa equação é assim escrita porque a variação ocorre em y, e o diferencial comuta com a variação funcional. Realizando uma integração por partes, ficamos com:

$$\int_a^b \frac{\partial F}{\partial y'} d(\delta y) = \left. \frac{\partial F}{\partial y'} \delta y \right|_a^b - \int_a^b \delta y\, d\left(\frac{\partial F}{\partial y'}\right)$$

Como nos extremos $\delta y(a) = \delta y(b) = 0$, obtemos:

$$\int_a^b \left(\frac{\partial F}{\partial y'} \delta y'(x) \right) dx = -\int_a^b \delta y\, d\left(\frac{\partial F}{\partial y'}\right) = -\int_a^b \frac{d}{dx}\left(\frac{\partial F}{\partial y'}\right) \delta y\, dx$$

Isso é feito por meio da regra da cadeia. Logo, a variação do funcional, colocando $\delta y(x)$ em evidência, resta da seguinte maneira:

$$\delta I = \int_a^b \left(\frac{\partial F}{\partial y} - \frac{d}{dx}\left(\frac{\partial F}{\partial y'}\right) \right) \delta y(x)\, dx$$

E para que a integral seja nula, sabendo que $\delta y(x)$ é uma função arbitrária de x, o integrando precisa ser nulo, ou seja:

$$\frac{\partial F}{\partial y} - \frac{d}{dx}\left(\frac{\partial F}{\partial y'}\right) = 0$$

Essa relação é obtida por Euler, mais conhecida como equação de Euler-Lagrange. Trata-se de uma equação muito poderosa, e boa parte do entendimento da física moderna se dá por meio dessa ferramenta. Deixamos a você, leitor(a), o convite para fazer a generalização para funcionais que dependam da segunda derivada.

Exemplificando

Sabemos que a menor distância entre dois pontos é uma reta. Então, podemos modelar de acordo com essa abordagem. Assim, o comprimento de arco fica:

$$s = \int_{x_1}^{x_2} ds = \int_{x_1}^{x_2} \sqrt{dx^2 + dy^2} = \int_{x_1}^{x_2} \sqrt{1 + \left(\frac{dy}{dx}\right)^2}\, dx$$

Considerando que $ds^2 = dx^2 + dy^2$. O cálculo é simples, uma vez que mantemos o elemento dx em evidência. Nesse cenário, a função que trabalharemos é esta:

$$F(y, y', x) = \sqrt{1 + (y')^2}$$

a qual independe explicitamente de y, gerando $\frac{\partial F}{\partial y} = 0$. Portanto, a equação de Euler-Lagrange fica:

$$\frac{d}{dx}\left(\frac{\partial}{\partial y'}\left(\sqrt{1 + (y')^2}\right)\right) = 0$$

A derivada interna é calculada do modo usual, pela regra da cadeia. Assim:

$$\frac{d}{dx}\left(\frac{y'}{\sqrt{1 + (y')^2}}\right) = 0$$

Quando a derivada é nula, temos uma constante, ou seja:

$$\frac{y'}{\sqrt{1+(y')^2}} = k$$

Fazendo todos os passos matemáticos, chegamos a:

$$y' = \pm \frac{1}{\sqrt{1-k^2}} = a$$

sendo *a* uma outra constante. Resolvendo a equação diferencial de maneira indefinida, obtemos:

$$y(x) = ax + b$$

em que *b* uma constante de integração.

6.1.1 Braquistócrona

Nesta seção, trabalharemos com um exemplo clássico dos cursos de mecânica clássica. A braquistócrona consiste na trajetória de uma partícula pontual de massa *m* sujeita somente a um campo gravitacional, abandonada com velocidade nula e sem atrito que se desloca entre dois pontos no menor intervalo possível de tempo. Na Figura 6.2, a seguir, a curva que minimiza o tempo está na cor vermelha.

Figura 6.2 – Braquistócrona

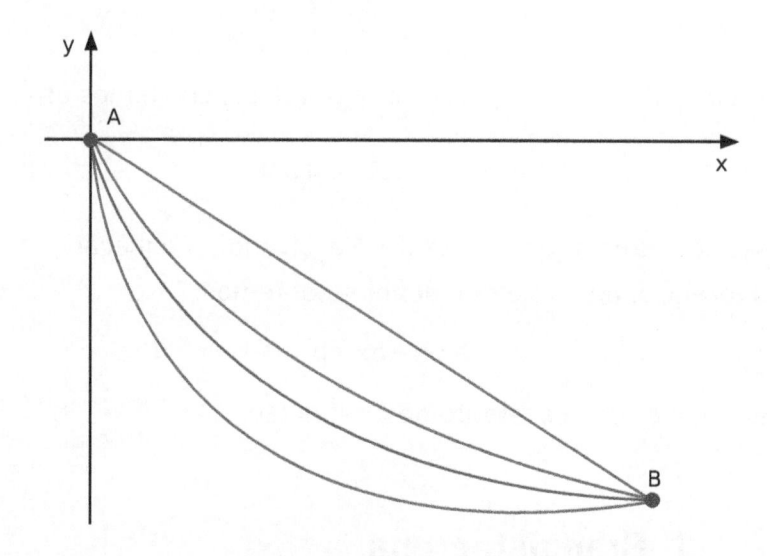

Definamos a trajetória da partícula em um espaço bidimensional, dada por $s(t)$, e a velocidade como:

$$v(t) = \frac{ds}{dt} \rightarrow dt = \frac{ds}{v}$$

A equação aqui já foi reescrita de forma conveniente para a integração entre os pontos A e B. Considerando que o elemento infinitesimal da trajetória é $ds^2 = \sqrt{dx^2 + dy^2}$, podemos reescrever como:

$$\Delta t = \int_{A \rightarrow B} \frac{\sqrt{dx^2 + dy^2}}{v} = \int_{A \rightarrow B} \frac{\sqrt{dx^2 + dy^2}}{\sqrt{2gy}} = \int_{A \rightarrow B} \sqrt{\frac{1+y'^2}{y}} dx$$

Chamamos atenção para o fato de termos usado o valor da velocidade proveniente da conservação de energia. O objeto que intendemos minimizar funcionalmente é $\Delta t [y, y', x]$. Pela equação de Euler, chegamos à equação diferencial do movimento:

$$2y\frac{d^2y}{dx^2} + \left(\frac{dy}{dx}\right)^2 + 1 = 0$$

Para resolver essa equação, considerando que não temos dependência na variável x, recorremos a um recurso básico: $y' = p(y)$, resultando em uma equação diferencial ordinária (EDO) de primeira ordem:

$$2yp\frac{dp}{dy} + p^2 + 1 = 0 \rightarrow \frac{dy}{y} = \frac{2pdp}{p^2+1}$$

Integrando tudo, obtemos:

$$\ln(y)(y) + \overset{\ln a}{C} = -\ln(p^2+1) \rightarrow \ln(ay) = -\ln(p^2+1)$$

Aqui utilizamos o artifício de chamar a constante de integração de *lna*. Assim, ficamos com esta equação:

$$\ln\{ay(p^2+1)\} = 0 \rightarrow ay(p^2+1) = 1 \rightarrow p = \sqrt{\frac{1}{ay} - 1}$$

Como *p* é a derivada $\frac{dy}{dx}$, usando o método de substituição trigonométrica, chegamos à seguinte função:

$$x = \frac{1}{a^2}\operatorname{arcsen}(\sqrt{ay}) - \sqrt{y\left(\frac{1}{a} - y\right)}$$

Trata-se da equação da cicloide, geralmente apresentada na forma paramétrica:

$$x = R(\theta - \operatorname{sen}\theta)$$

$$y = R(1 - \cos\theta)$$

Figura 6.3 – Cicloide

Fonte: Wolfram Mathworld, 2023c.

6.1.2 Diversas variáveis independentes

Podemos generalizar o caso em análise quando lidamos com uma função desconhecida $u(x, y, z)$, no espaço tridimensional:

$$J = \iiint f\left(u, u_x, u_y, u_z\right) dxdydz$$

considerando a notação de Leibniz para a derivada parcial $u_{x_i} = \dfrac{\partial u}{\partial x_i}$. Com base na mesma abordagem adotada na seção anterior[*], com $u + du$, percebemos que:

$$\delta J = \iiint \left(\dfrac{\partial f}{\partial u} - \dfrac{\partial}{\partial x}\left(\dfrac{\partial f}{\partial u_x}\right) - \dfrac{\partial}{\partial y}\left(\dfrac{\partial f}{\partial u_y}\right) - \dfrac{\partial}{\partial z}\left(\dfrac{\partial f}{\partial u_z}\right) \right) \delta u \, dxdydz$$

Este é um bom exercício para você, leitor(a). Logo, chegamos à equação de Euler para três variáveis:

---

[*] A função em questão tem diversas variáveis, e a regra da cadeia é um pouco diferente. Portanto, seja cauteloso na dedução.

$$\frac{\partial f}{\partial u} - \frac{\partial}{\partial x}\left(\frac{\partial f}{\partial u_x}\right) - \frac{\partial}{\partial y}\left(\frac{\partial f}{\partial u_y}\right) - \frac{\partial}{\partial z}\left(\frac{\partial f}{\partial u_z}\right) = 0$$

Agora extrapolaremos e consideraremos diversas variáveis dependentes e independentes:

$$J = \iiint F\left(y_1(x_i), \frac{\partial y_1}{\partial x_i}, y_2(x_i), \frac{\partial y_2}{\partial x_i}, \ldots, y_N(x_i), \frac{\partial y_N}{\partial x_i}, x_i\right) d^N x_i$$

A notação está condensada em $x_i = (x_1, x_2, \ldots, x_N)$. De fato, essa situação é exatamente igual à anterior, mas com N funções e N variáveis. Você, leitor(a), pode deduzir tranquilamente com base nos métodos recém-apresentados. No entanto, por indução, podemos escrever a equação da seguinte forma:

$$\frac{\partial F}{\partial y_1} - \frac{\partial}{\partial x_1}\left(\frac{\partial F}{\partial\left(\frac{\partial y_1}{\partial x_1}\right)}\right) - \frac{\partial}{\partial x_2}\left(\frac{\partial F}{\partial\left(\frac{\partial y_1}{\partial x_2}\right)}\right) - \ldots - \frac{\partial}{\partial x_1}\left(\frac{\partial F}{\partial\left(\frac{\partial y_1}{\partial x_N}\right)}\right) = 0$$

isso vale para y_1, restando $N - 1$ equações como esta. Ainda, é possível condensar a notação com um somatório, para $i = 1, 2, \ldots, N$:

$$\frac{\partial F}{\partial y_i} - \sum_k \frac{\partial}{\partial x_k}\left(\frac{\partial F}{\partial\left(\frac{\partial y_i}{\partial x_k}\right)}\right) = 0$$

Exemplificando

Com o conhecimento até agora acumulado, podemos chegar à chamada *geodésica*, que se refere ao caminho mais curto entre dois pontos em um espaço curvo, definido por uma métrica. O cálculo variacional contribui bastante para a identificação das geodésicas.

Portanto, convém retomarmos alguns conceitos discutidos no capítulo sobre tensores, mas por uma boa causa: escreveremos a distância diferencial em um espaço curvo:

$$(ds)^2 = \sum_{ij} g_{ij} dx^i dx^j$$

Para elucidarmos essa somatória, recorreremos ao caso euclidiano, ou seja, o espaço tridimensional, escrevendo o tensor métrico da seguinte forma:

$$g_{ij} = \begin{pmatrix} 1 & 0 & 0 \\ 0 & 1 & 0 \\ 0 & 0 & 1 \end{pmatrix}$$

Por sua vez, definiremos os diferenciais assim:

$$dx^i = \begin{pmatrix} dx \\ dy \\ dz \end{pmatrix}$$

Abrindo a somatória, sabendo que $g_{ij} = 0$ para $i \neq j$, temos:

$$(ds)^2 = \sum_{ij} g_{ij} dx^i dx^j = g_{11} dx^1 dx^1 + g_{22} dx^2 dx^2 + g_{33} dx^3 dx^3$$

Trata-se de um cálculo que exige certo cuidado, pois estamos lidando com índices. Frisamos que o elemento *ds* está ao quadrado, ao passo que os outros são índices.

Enfim, chegamos ao elemento euclidiano, considerando que $g_{ii} = 1$:

$$(ds)^2 = (dx)^2 + (dy)^2 + (dz)^2$$

Retomando o elemento generalizado para um tensor métrico qualquer, podemos escrever este caminho:

$$J = \int_a^b ds = \int_a^b \frac{ds}{du} du = \int_a^b \frac{\sqrt{g_{ij} dx^i dx^j}}{du} du = \int_a^b \sqrt{g_{ij} v^i v^j}\, du$$

Aqui estamos utilizando a notação de Einstein para o somatório, com a seguinte notação:

$$v^i = \frac{dx^i}{du}$$

Podemos minimizar o funcional J utilizando o cálculo variacional, mas, para isso, precisamos argumentar matematicamente. Encontrar o mínimo de uma função significa derivar e impor a nulidade. Conhecendo o comportamento da derivada de uma raiz, isto é, sabendo que, no processo, ela acaba passando para o denominador, obter o mínimo de J é o mesmo que encontrar o mínimo de:

$$\delta \int_a^b g_{ij} v^i v^j\, du = 0$$

Usando a equação de Euler, temos:

$$\frac{\partial \left(g_{ij} v^i v^j \right)}{\partial x^k} - \frac{d}{du}\left\{ \frac{\partial \left(g_{ij} v^i v^j \right)}{\partial v^k} \right\} = 0$$

Sabendo que a métrica depende apenas das coordenadas, temos:

$$\frac{\partial g_{ij}}{\partial x^k}\left(v^i v^j\right) - \frac{d}{du}\left\{g_{ij}\frac{\partial}{\partial v^k}\left(v^i v^j\right)\right\} = 0$$

Então, considerando que $\frac{\partial v^n}{\partial v^k} = \delta_k^n$, chegamos a:

$$\frac{\partial g_{ij}}{\partial x^k}\left(v^i v^j\right) - \frac{d\left(g_{kj}v^j + g_{ik}v^i\right)}{du} = \frac{\partial g_{ij}}{\partial x^k}\left(v^i v^j\right) - \frac{d\left(g_{kj}v^j\right)}{du} - \frac{d\left(g_{ik}v^i\right)}{du} = 0$$

que fica:

$$\frac{\partial g_{ij}}{\partial x^k}\left(v^i v^j\right) - \left\{\frac{dg_{kj}}{du}v^j + \frac{dv^j}{du}g_{kj} + \frac{dg_{ik}}{du}v^i + \frac{dv^i}{du}g_{ik}\right\} = 0$$

Isso se verifica após a regra do produto da derivada. Agora, pela regra da cadeia para a métrica:

$$\frac{dg_{ik}}{du} = \frac{\partial g_{ik}}{\partial v^k}v^i$$

Teremos, então:

$$g_{ik}\frac{dv^i}{du} - \frac{1}{2}v^i v^j\left\{\frac{\partial g_{ij}}{\partial v^k} - \frac{\partial g_{kj}}{\partial v^i} - \frac{\partial g_{ik}}{\partial v^j}\right\} = 0$$

Multiplicando pela métrica g^{kl} para retirar a métrica do primeiro termo, obtemos:

$$\frac{dv^l}{du} - \frac{1}{2}v^i v^j g^{kl}\left\{\frac{\partial g_{ij}}{\partial v^k} - \frac{\partial g_{kj}}{\partial v^i} - \frac{\partial g_{ik}}{\partial v^j}\right\} = 0$$

Logo, chegamos ao símbolo de Christoffel. Assim, podemos reescrever a geodésia em termos da trajetória:

$$\frac{d^2 x^l}{du^2} - \frac{1}{2}\frac{dx^i}{du}\frac{dx^j}{du}\Gamma^l_{ij} = 0$$

É possível conectar a mecânica clássica por meio de uma solução oriunda de um formalismo curvo intrinsecamente à curvatura do espaço, com a conexão simétrica.

6.2 Equação de Euler-Lagrange

Embora tenhamos deduzido a equação de Euler-Lagrange, é importante vincular essa formulação matemática à mecânica. A forma mais elegante de deduzir essa equação nesse contexto físico é recorrer à noção dos trabalhos virtuais e das forças generalizadas.

Uma maneira muito interessante de entender o princípio da ação mínima é utilizar uma análise física primordial: a conservação da energia mecânica.

Nessa ótica, tomemos uma dinâmica simples: uma partícula sujeita a um campo gravitacional. Suponhamos dois movimentos distintos em tempos iguais, como na Figura 6.4:

Figura 6.4 – Princípio da mínima ação

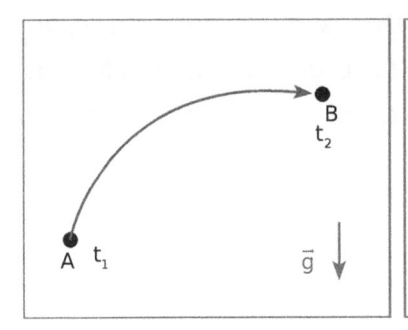

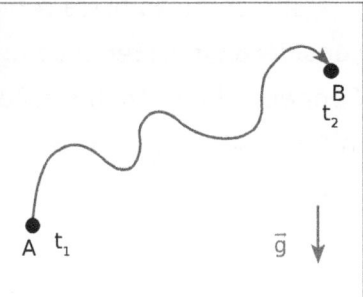

Sabemos que uma parábola consiste em um movimento natural quando uma força age sobre um corpo inicialmente, e o corpo segue seu movimento. Mas qual é a razão disso? A resposta está no chamado *princípio da mínima ação*. Adotando a diferença entre a energia cinética e a potencial em cada ponto e integrando, obtemos uma quantidade que naturalmente é menor no movimento parabólico.

As leis de Newton podem ser enunciadas como a energia cinética média menos a energia potencial média, o que representa a menor possível para uma trajetória de um objeto se deslocando de um ponto a outro.

Essa integral, chamada de *ação*, é assim estabelecida:

$$S = \int_{t_1}^{t_2} (T-V)dt = \int_{t_1}^{t_2} L\, dt$$

Para encontrar a trajetória, tomamos $\delta S = 0$, a qual corresponde à forma matemática de descrever o princípio da ação mínima. Assim, chamamos de *lagrangiana* a função L escrita:

$$L = T - V$$

Tal motivação física remete à seguinte formalização: considere um sistema com N coordenadas generalizadas. Conhecendo a configuração desse sistema em um tempo inicial, podemos escrever a lagrangiana do seguinte modo:

$$L = L\left(q_1, q_2, ..., q_N, \dot{q}_1, \dot{q}_2, ..., \dot{q}_N, t\right)$$

Agora, a ação:

$$S = \int_{t_1}^{t_2} L\left(q_1, q_2, ..., q_N, \dot{q}_1, \dot{q}_2, ...\dot{q}_N, t\right)dt$$

Estamos usando a notação pontuada $\dot{q}_i$ para representar a derivada em relação ao tempo. Realizando o procedimento feito na seção anterior, chegamos a:

$$\delta S = \int_{t_1}^{t_2} \sum_{i=1}^{N} \left(\frac{\partial L}{\partial q_i} \delta q_i + \frac{\partial L}{\partial \dot{q}_i} \delta \dot{q}_i \right) dt = \int_{t_1}^{t_2} \sum_{i=1}^{N} \left(\frac{\partial L}{\partial q_i} - \frac{d}{dt} \left(\frac{\partial L}{\partial \dot{q}_i} \right) \right) \delta q_i \, dt$$

Para $\delta S = 0$, cada termo deve ser nulo para as N coordenadas generalizadas, ou seja:

$$\frac{\partial L}{\partial q_i} - \frac{d}{dt}\left(\frac{\partial L}{\partial \dot{q}_i}\right) = 0$$

Contudo, para isso, não é possível haver vínculos entre as coordenadas generalizadas.

Nesse ponto destacamos a equivalência com as leis de Newton. Isso porque, se temos uma lagrangiana escrita desta forma:

$$L = \frac{mv^2}{2} - V(x_i)$$

com a energia cinética dependendo da velocidade e o potencial das coordenadas cartesianas, podemos efetuar o seguinte cálculo:

$$\frac{\partial L}{\partial x_i} = \frac{\partial V}{\partial x_i}$$

$$\frac{d}{dt}\left(\frac{\partial L}{\partial v}\right) = \frac{d}{dt}(mv) = ma$$

Temos, então:

$$ma = -\frac{\partial V}{\partial x_i}$$

Essa equação consiste na segunda lei de Newton para as forças conservativas.

6.2.1 Pêndulo simples na formulação lagrangiana

Para clarificar o poder da abordagem que apresentaremos nesta subseção, consideremos um exemplo conhecido, o pêndulo simples, descrito na Figura 6.5.

Figura 6.5 – Pêndulo simples

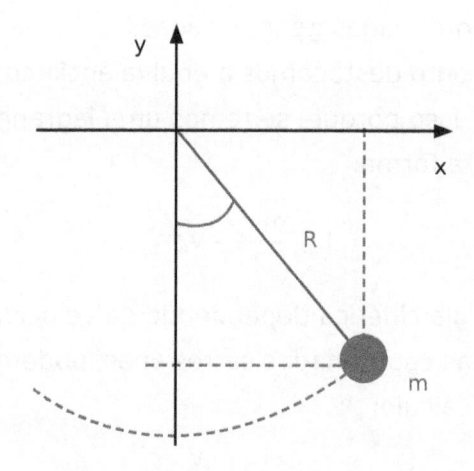

Sob essa perspectiva, é interessante seguir uma estratégia para a montagem da lagrangiana, a saber:

- definir as coordenadas generalizadas de acordo com o objeto estudado; em tal passo, precisamos descobrir se há alguma restrição ao movimento, ou seja, algum vínculo.

- nesse passo, precisamos descobrir se há alguma restrição ao movimento, ou seja, algum vínculo.
- inserir as coordenadas nas energias cinética e potencial;
- realizar o procedimento com a equação de Euler-Lagrange;
- de posse da equação diferencial do movimento, resolver com um método adequado ao sistema estudado.

Escrevamos o vetor posição $\vec{r} = x\hat{i} + y\hat{j}$, sabendo que o raio R do pêndulo é constante. Isso significa que, com base na figura, escrevemos o vetor utilizando o ângulo proposto:

$$\vec{r} = R \operatorname{sen}\theta\hat{i} + R\cos\theta\hat{j}$$

Para encontrar o vetor velocidade, após seu módulo, derivamos em relação ao tempo (retomando a regra da cadeia):

$$\dot{\vec{r}} = (R\cos\theta)\dot{\theta}\hat{i} - (R\operatorname{sen}\theta)\dot{\theta}\hat{i} \rightarrow |\dot{\vec{r}}| = \dot{r} = R\dot{\theta}$$

Logo, obtemos a velocidade a ser inserida na energia cinética. Agora, temos de encontrar a energia potencial em função do ângulo, dada por:

$$V = -mgR\cos\theta$$

Assim, já temos a lagrangiana:

$$L = T - V = \frac{m(R\dot{\theta})^2}{2} + mgR\cos\theta$$

Recorrendo à equação de Euler-Lagrange, obtemos a equação do movimento:

$$\frac{\partial L}{\partial \theta} = -mgR\,\text{sen}\theta, \quad \frac{d}{dt}\left(mR^2 \dot{\theta}\right) = mR^2 \ddot{\theta}$$

$$mR^2 \ddot{\theta} + mgR\,\text{sen}\theta = 0 \rightarrow R\ddot{\theta} + g\,\text{sen}\theta = 0$$

Para ângulos pequenos, essa equação se torna, pela aproximação $\theta = \text{sen}\theta$, a mesma obtida com a mecânica newtoniana:

$$\ddot{\theta} + \frac{g}{R}\theta = 0$$

Seria possível questionar a vantagem dessa abordagem em relação à mecânica newtoniana. A resposta é que, nesse caso, não precisamos analisar vetorialmente o movimento. Isso significa que basta realizar a análise das energias do sistema.

Na sequência, abordaremos um exemplo mais complexo.

6.2.2 Pêndulo duplo

Na formulação lagrangiana, a análise, em termos de coordenadas generalizadas e massas m_1 e m_2 no pêndulo duplo, pode se dar de modo simplificado. Sabendo que as cordas de cada pêndulo são inextensíveis – chamadas de R_1 e R_2 –, primeiramente devemos escrever em coordenadas cartesianas as posições das partículas, orientando para o baixo positivo:

$$\text{Posiçao da massa } M_1 \begin{cases} x_1 = R_1 \text{sen}\phi_1 \\ y_1 = R_1 \cos\phi_1 \end{cases}$$

$$\text{Posiçao da massa } M_2 \begin{cases} x_2 = R_1 \text{sen}\phi_1 + R_2 \text{sen}\phi_2 \\ y_2 = R_1 \cos\phi_1 + R_2 \cos\phi_2 \end{cases}$$

Derivando em relação ao tempo, encontramos as velocidades:

$$M_1 \begin{cases} \dot{x}_1 = R_1 \cos\phi_1 \dot{\phi}_1 \\ \dot{y}_1 = -R_1 \sen\phi_1 \dot{\phi}_1 \end{cases},$$

$$M_2 \begin{cases} \dot{x}_2 = R_1 \cos\phi_1 \dot{\phi}_1 + R_2 \sen\phi_2 \dot{\phi}_2 \\ \dot{y}_2 = -R_1 \cos\phi_1 \dot{\phi}_1 - R_2 \cos\phi_2 \dot{\phi}_2 \end{cases}$$

O módulo de cada velocidade é calculado por meio do teorema de Pitágoras:

$$\left|\vec{v}_1\right|^2 = \left(R_1 \dot{\phi}_1\right)^2, \quad \left|\vec{v}_2\right| = \left(R_1 \dot{\phi}_1\right)^2 + \left(R_2 \dot{\phi}_2\right)^2 + 2R_1 R_2 \dot{\phi}_1 \dot{\phi}_2 \cos\left(\phi_1 + \phi_2\right)$$

Assim, imediatamente obtemos a lagrangiana, apesar de extensa:

$$L\left(\phi_1, \phi_2, \dot{\phi}_1, \dot{\phi}_2\right) = \frac{m_1}{2}\left|\vec{v}_1\right|^2 + \frac{m_1}{2}\left|\vec{v}_1\right|^2 + m_1 g y_1 + m_2 g y_2$$

$$L\left(\phi_1, \phi_2, \dot{\phi}_1, \dot{\phi}_2\right) =$$

$$\frac{m_1}{2}\left(R_1 \dot{\phi}_1\right)^2 + \frac{m_1}{2}\left(\left(R_1 \dot{\phi}_1\right)^2 + \left(R_2 \dot{\phi}_2\right)^2 + 2R_1 R_2 \dot{\phi}_1 \dot{\phi}_2 \cos\left(\phi_1 + \phi_2\right)\right) +$$
$$+ m_1 g\left(R_1 \cos\phi_1\right) + m_2 g\left(R_1 \cos\phi_1 + R_2 \cos\phi_2\right)$$

Embora o cálculo seja extenso, não é de grande complexidade. Basicamente, analisamos as coordenadas generalizadas ϕ_i e $\dot{\phi}_1$ e derivamos para encontrar a velocidade (com algumas doses de trigonometria).

Agora, para você pensar, imagine se o fio fosse um objeto extenso com momento de inércia associado. Teríamos mais um termo de energia cinética associado (Figura 6.6):

Figura 6.6 – Pêndulo duplo

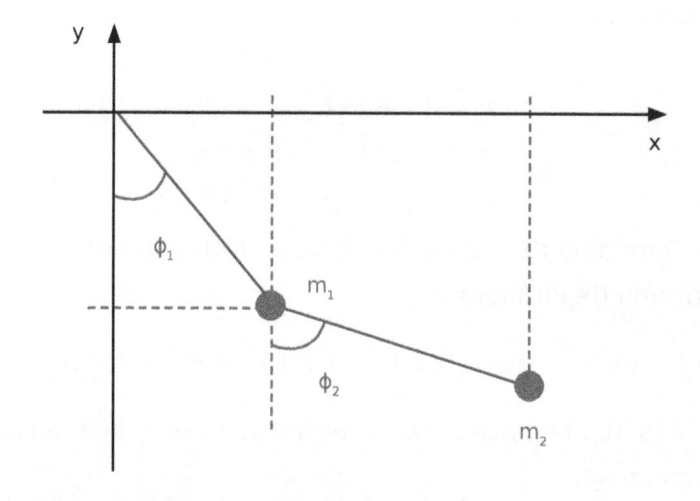

Podemos obter as equações do movimento. Simplificando, consideraremos a mesma massa m e o mesmo comprimento do fio R para ambas, com a seguinte lagrangiana:

$$L = \frac{mR}{2}\left(R\left[\dot\phi_2^2 + \frac{\dot\phi_2^2}{2} + \dot\phi_1\dot\phi_2\cos(\phi_1+\phi_2)\right] + g(2\cos\phi_1 + \cos\phi_2)\right)$$

Novamente pelas equações de Euler-Lagrange, primeiramente calculamos as derivadas parciais nos ângulos:

$$\frac{2}{mR}\frac{\partial L}{\partial \phi_1} = -\text{sen}(\phi_1+\phi_2) - 2g\,\text{sen}\,\phi_1$$

$$\frac{2}{mR}\frac{\partial L}{\partial \phi_1} = -\text{sen}(\phi_1+\phi_2) - g\,\text{sen}\,\phi_2$$

Posteriormente, as derivadas parciais nas velocidades angulares:

$$\frac{2}{mR}\frac{\partial L}{\partial \dot{\phi}_1} = 2R\dot{\phi}_1 - \dot{\phi}_2 R\text{sen}(\phi_1 + \phi_2)$$

$$\frac{2}{mR}\frac{\partial L}{\partial \dot{\phi}_2} = R\dot{\phi}_1 - \dot{\phi}_2 R\text{sen}(\phi_1 + \phi_2)$$

Deixamos um termo multiplicativo que desaparecerá ao final pela forma da equação de Euler-Lagrange. Finalmente, torna-se possível montar as equações para cada massa:

$$2\ddot{\phi}_1 - \ddot{\phi}_2\text{sen}(\phi_1 + \phi_2) - \dot{\phi}_2(\dot{\phi}_1 + \dot{\phi}_2)\cos(\phi_1 + \phi_2) =$$
$$= \frac{1}{R}\left(-\text{sen}(\phi_1 + \phi_2) - 2g\text{sen}\phi_1\right)$$

$$\ddot{\phi}_1 - \ddot{\phi}_1\text{sen}(\phi_1 + \phi_2) - \dot{\phi}_1(\dot{\phi}_1 + \dot{\phi}_2)\cos(\phi_1 + \phi_2) =$$
$$= \frac{1}{R}\left(-\text{sen}(\phi_1 + \phi_2) - g\text{sen}\phi_2\right)$$

Enfatizamos que se trata de EDOs de segunda ordem não lineares, as quais só podem ser resolvidas por métodos numéricos.

Esse sistema tem uma característica caótica que corresponde à sensibilidade às condições iniciais. Se o inserirmos em posições muito próximas, as pequenas diferenças serão ampliadas em determinado tempo, pois os movimentos são diferentes.

6.3 Princípio de Hamilton e hamiltoniana

Para iniciar o assunto que abordaremos nesta seção, primeiramente temos de entrar em uma discussão importante, referente aos princípios de conservação. Sempre é interessante contar com quantidades conservadas, uma vez que entendemos a física do sistema em termos de tais quantidades. Nessa perspectiva, salientamos a importância da conservação de energia, que se manifesta em certo nível no princípio de Hamilton, já enunciado – o princípio da ação mínima (no jargão popular, o "princípio do menor esforço").

Considere a equação de Euler-Lagrange em termos das coordenadas generalizadas q_i:

$$\frac{\partial L}{\partial q_i} = 0$$

Resultando em:

$$\frac{d}{dt}\left(\frac{\partial L}{\partial \dot{q}_i}\right) = 0 \rightarrow \frac{\partial L}{\partial \dot{q}_i} = \text{constante}$$

Trata-se de uma quantidade importantíssima, denominada *momento canônico* ou momento generalizado conjugado a q_i:

$$p_i = \frac{\partial L}{\partial \dot{q}_i}$$

A conservação do momento é uma das características da mecânica que revelam toda a dinâmica de sistemas específicos, estabelecendo uma simetria e uma lei de conservação. Tomemos como exemplo uma simetria esférica, na qual a lagrangiana não depende do ângulo azimutal que leva a uma conservação do momento associado a esse ângulo. A conservação implica, na prática, na solução de menos equações diferenciais.

Outro princípio de conservação importante diz respeito a quando a lagrangiana não depende do tempo. Então, escrevemos a derivada a seguir por meio da regra da cadeia:

$$\frac{dL}{dt} = \sum_i \frac{\partial L}{\partial q_i}\frac{dq}{dt} + \sum_i \frac{\partial L}{\partial \dot{q}_i}\frac{d\dot{q}}{dt} + \frac{\partial L}{\partial t} = \sum_i \left\{ \frac{d}{dt}\left(\frac{\partial L}{\partial \dot{q}_i}\right)\dot{q}_i + \frac{\partial L}{\partial \dot{q}_i}\ddot{q}_i \right\} + \frac{\partial L}{\partial t}$$

Frisamos que há uma regra do produto da derivada, que pode ser assim escrita:

$$\frac{dL}{dt} = \frac{d}{dt}\sum_i \frac{\partial L}{\partial \dot{q}_i}\dot{q}_i + \frac{\partial L}{\partial t} = \frac{d}{dt}\sum_i p_i\dot{q}_i + \frac{\partial L}{\partial t}$$

Se a lagrangiana não depende do tempo, o último termo é nulo. Portanto, é possível reescrever a equação da seguinte forma:

$$\frac{dL}{dt} = \frac{d}{dt}\sum_i p_i\dot{q}_i \rightarrow \frac{d}{dt}\left(\sum_i p_i\dot{q}_i - L\right) = 0$$

Forma-se, assim, uma nova conservação, ou seja, quando a lagrangiana não depende do tempo, a hamiltoniana se conserva, sendo definida como:

$$H = \sum_i p_i\dot{q}_i - L$$

Quando a energia potencial V só depende da coordenada generalizada, a hamiltoniana corresponde à energia total. Para mostrar esse fato, escreveremos a energia cinética geral:

$$T = \frac{1}{2}\sum_{ij} a_{ij}(q)\dot{q}_i\dot{q}_j$$

em que $a_{ij}(q)$ é uma matriz que depende do modelo analisado. Considerando a hamiltoniana:

$$H = \sum_k \frac{\partial L}{\partial \dot{q}_k}\dot{q}_k - L = \sum_k \frac{\partial T}{\partial \dot{q}_k}\dot{q}_k - L = \sum_k \frac{\partial}{\partial \dot{q}_k}\left(\frac{1}{2}\sum_{ij} a_{ij}(q)\dot{q}_i\dot{q}_j\right)\dot{q}_k - L$$

Agora, fazendo a derivada:

$$\sum_k \frac{\partial}{\partial \dot{q}_k}\left(\frac{1}{2}\sum_{ij} a_{ij}(q)\dot{q}_i\dot{q}_j\right)\dot{q}_k = \sum_k \left(\frac{1}{2}\sum_{ij} a_{ij}(q)\frac{\partial}{\partial \dot{q}_k}(\dot{q}_i\dot{q}_j)\right)\dot{q}_k$$

$$\sum_k \left(\frac{1}{2}\left\{\sum_{ij} a_{ij}(q)\frac{\partial \dot{q}_i}{\partial \dot{q}_k}\dot{q}_j + \sum_{ij} a_{ij}(q)\frac{\partial \dot{q}_j}{\partial \dot{q}_k}\dot{q}_i\right\}\right)\dot{q}_k$$

Sabendo que $\dfrac{\partial \dot{q}_i}{\partial \dot{q}_k} = \delta_{ik}$:

$$\sum_k \left(\frac{1}{2}\left\{\sum_{ij} a_{ij}(q)\delta_{ik}\dot{q}_j + \sum_{ij} a_{ij}(q)\delta_{jk}\dot{q}_i\right\}\right)\dot{q}_k =$$

Porque o nome dos índices não gerará influência, torna-se possível somar ambos no interior:

$$\sum_{ik} a_{ik}(q)\dot{q}_k\dot{q}_k = 2T$$

Finalmente, obtemos a hamiltoniana escrita como energia total:

$$H = 2T - L = 2T - T + V = T + V$$

6.3.1 Equações de Hamilton

Dando prosseguimento aos rudimentos da mecânica hamiltoniana, precisamos escrever a variação da lagrangiana, assim:

$$dL = \sum_i \frac{\partial L}{\partial q_i} dq_i + \sum_i \frac{\partial L}{\partial \dot{q}_i} d\dot{q}_i + \frac{\partial L}{\partial t} dt$$

Naturalmente, é possível escrever em função do momento generalizado:

$$dL = \sum_i \frac{\partial L}{\partial q_i} dq_i + \sum_i p_i d\dot{q}_i + \frac{\partial L}{\partial t} dt$$

Usando a regra da cadeia para reescrever o termo $p_i d\dot{q}_i$:

$$dL = \sum_i \frac{\partial L}{\partial q_i} dq_i + \sum_i \left[d(p_i \dot{q}_i) - \dot{q}_i dp_i \right] + \frac{\partial L}{\partial t} dt$$

Multiplicando por –1 e arrumando a equação, chegamos, explicitamente, à hamiltoniana:

$$dL - \sum_i d(p_i \dot{q}_i) = d\left(\sum_i p_i \dot{q}_i - L \right) = -\sum_i \frac{\partial L}{\partial q_i} dq_i + \sum_i \dot{q}_i dp_i - \frac{\partial L}{\partial t} dt$$

Ou seja:

$$dH = -\sum_i \frac{\partial L}{\partial q_i} dq_i + \sum_i \dot{q}_i dp_i - \frac{\partial L}{\partial t} dt$$

Por outro lado, como o hamiltoniano depende de H(q, p, t), podemos usar a regra da cadeia da mesma forma:

$$dH = \sum_i \frac{\partial H}{\partial q_i} dq_i + \sum_i \frac{\partial H}{\partial p_i} dp_i + \frac{\partial H}{\partial t} dt$$

Comparando as duas relações, obtemos as equações de Hamilton:

$$\dot{q}_i = \frac{\partial H}{\partial p_i}, \quad \dot{p}_i = -\frac{\partial H}{\partial q_i} \quad 4$$

as quais conduzem a um conjunto de equações diferenciais de primeira ordem. A equação $\frac{\partial H}{\partial t} = \frac{\partial L}{\partial t}$ geralmente não é levada em consideração, por se tratar de uma identidade imediata.

Mãos à obra

Enfocaremos aqui uma partícula em um potencial central. O problema das forças centrais é uma temática de grande relevância estudada em cursos de mecânica e costuma ser de difícil modelagem. Nas forças centrais, a energia potencial é função somente da distância.

Portanto, encontre as equações de movimento usando a dinâmica hamiltoniana de uma partícula submetida a um potencial central em simetria esférica.

Com o formalismo hamiltoniano, fica mais simples obter esse resultado. Para calcular a lagrangiana, é necessário contar com as coordenadas esféricas e suas componentes derivadas no tempo:

$$\begin{cases} x = \rho \cos\theta \, \text{sen}\varphi \\ y = \rho \, \text{sen}\theta \, \text{sen}\varphi \\ z = \rho \cos\varphi \end{cases} \quad \begin{cases} \dot{x} = \dot{\rho}\cos\theta\,\text{sen}\varphi - \dot{\theta}\rho\,\text{sen}\theta\,\text{sen}\varphi + \dot{\varphi}\cos\theta\,\text{sen}\varphi \\ \dot{y} = \dot{\rho}\,\text{sen}\theta\,\text{sen}\varphi + \dot{\theta}\rho\cos\theta\,\text{sen}\varphi + \dot{\varphi}\rho\,\text{sen}\theta\cos\varphi \\ \dot{z} = \dot{\rho}\cos\varphi - \rho\dot{\varphi}\,\text{sen}\varphi \end{cases}$$

Calculando a velocidade depois de bastante empenho, chegamos à seguinte expressão:

$$v^2 = \dot{x}^2 + \dot{y}^2 + \dot{z}^2 = \dot{r}^2 + r^2\dot{\theta} + r^2 \operatorname{sen}^2\theta\dot{\varphi}$$

Com isso, torna-se possível escrever a expressão da lagrangiana:

$$L = \frac{m}{2}\left(\dot{r}^2 + r^2\dot{\theta} + r^2 \operatorname{sen}^2\theta\dot{\varphi}\right) - V(r)$$

Em seguida, calculamos os momentos conjugados, assim:

$$p_r = \frac{\partial L}{\partial \dot{r}} = m\dot{r}, \quad p_\theta = \frac{\partial L}{\partial \dot{\theta}} = mr^2\dot{\theta}, \quad p_\varphi = \frac{\partial L}{\partial \dot{\varphi}} = mr^2\operatorname{sen}^2\theta\dot{\varphi}$$

Trata-se do primeiro passo para construir a análise hamiltoniana. Após isso, precisamos escrever tudo em função dos momentos:

$$\dot{r} = \frac{p_r}{m}, \quad \dot{\theta} = \frac{p_\theta}{mr^2}, \quad \dot{\varphi} = \frac{p_\varphi}{mr^2\operatorname{sen}^2\theta}$$

O próximo passo é fazer, de fato, a construção hamiltoniana:

$$H = \sum_i p_i \dot{q}_i - L = \underbrace{\dot{r}p_r + \dot{\theta}p_\theta + \dot{\varphi}p_\varphi}_{\sum_i p_i \dot{q}_i} - L = \frac{1}{2m}\left(p_r^2 + \frac{p_\theta^2}{r^2} + \frac{p_\varphi^2}{r^2\operatorname{sen}^2\theta}\right) + V(r)$$

Neste ponto, somos capazes de usar as equações de Hamilton para obter seis EDOs de primeira ordem:

$$\dot{r} = \frac{\partial H}{\partial \dot{r}} = \frac{p_r}{m}, \quad \dot{p}_r = -\frac{\partial H}{\partial r} = \frac{p_\theta^2}{mr^3} + \frac{p_\varphi^2}{mr^3\operatorname{sen}^2\theta} - \frac{dV}{dr}$$

$$\dot{\theta} = \frac{\partial H}{\partial p_\theta} = \frac{p_\theta}{mr^2}, \quad \dot{p}_\theta = -\frac{\partial H}{\partial \theta} = \frac{p_\varphi^2 \cot\theta}{mr^2\operatorname{sen}^2\theta}$$

$$\dot{\varphi} = \frac{\partial H}{\partial p_\varphi} = \frac{p_\varphi}{mr^2 sen^2\theta}, \quad \dot{p}_\theta = -\frac{\partial H}{\partial \varphi} = 0$$

Esclarecemos que, embora envolva mais equações, todas são de primeira ordem. A esse respeito, ressaltamos a quantidade conservada que diz respeito ao momento p_φ, facilitando a obtenção das soluções das outras.

Como exercício, deixamos a você a resolução dessas equações diferenciais, que não serão diferentes dos resultados da mecânica newtoniana.

6.4 Cálculo variacional com vínculos

Até este momento, certamente você já sabe que a ferramenta do cálculo variacional é muito poderosa. Nesta seção, abordaremos mais uma situação específica e que, na mecânica newtoniana, seria um tanto trabalhosa: a situação com vínculos.

Antes, porém, temos de esclarecer que a noção de vínculo, na mecânica, refere-se a restrições de movimento de natureza geométrica ou cinemática de certo sistema. Ele também se origina em razão das coordenadas do sistema, ou seja:

$$\delta \int_a^b G(x, y, y') dx = 0$$

Convém lembrar que a condição de extremo do funcional que descreve o sistema é a seguinte:

$$\int_a^b \left(\frac{\partial F}{\partial y} - \frac{d}{dx}\left(\frac{\partial F}{\partial y'}\right) \right) \delta y \, dx$$

Obviamente, o vínculo também obedece ao cálculo variacional, como na equação anterior, já multiplicada pelo fator λ, como se faz no cálculo diferencial:

$$\lambda \int_a^b \left(\frac{\partial G(x, y, y')}{\partial y} - \frac{d}{dx}\left(\frac{\partial G(x, y, y')}{\partial y'}\right) \right) \delta y \, dx$$

Podemos somar as duas integrais com o multiplicador de Lagrange:

$$\int_a^b \left(\frac{\partial (F + \lambda G)}{\partial y} - \frac{d}{dx}\left(\frac{\partial (F + \lambda G)}{\partial y'}\right) \right) \delta y \, dx$$

Continuamos com a presença do δy arbitrário. A equação de Euler-Lagrange ganha um termo, que depende do vínculo (nesse caso, de um único vínculo) e do multiplicador na forma:

$$\frac{\partial (F + \lambda G)}{\partial y} - \frac{d}{dx}\left(\frac{\partial (F + \lambda G)}{\partial y'}\right) = 0$$

Na prática, no entanto, em diversos exemplos, deparamo-nos com vínculos que dependem unicamente das coordenadas, o que acarreta uma mudança na equação:

$$\frac{d}{dx}\left(\frac{\partial F}{\partial y'}\right) - \frac{\partial F}{\partial y} = \lambda \frac{\partial G(x, y)}{\partial y}$$

Em um contexto relativo à mecânica, com coordenadas generalizadas q_i e $\dot{q}_i$ e diversas restrições dadas por $\phi_k(q_i, t)$, obtemos:

$$\frac{d}{dt}\left(\frac{\partial L}{\partial \dot{q}_i}\right) - \frac{\partial L}{\partial q_i} = \sum_k \lambda_k \frac{\partial \phi_k}{\partial q_i}$$

Por fim, chamamos de força de vínculo o termo depois da igualdade, isto é:

$$f_{q_i} = \sum_k \lambda_k \frac{\partial \phi_k}{\partial q_i}$$

A força de vínculo tem um significado físico interessante que se refere somente às forças de manutenção do vínculo, as quais não são responsáveis pela dinâmica propriamente dita. Uma propriedade das forças de vínculo corresponde ao fato de elas sempre estarem perpendiculares em relação à superfície de vínculo. Caso não fosse assim, elas moveriam o corpo ligado sem a presença de uma força externa – algo nunca observado antes.

Mãos à obra

1. Considere-se um corpo de massa m deslizando sobre uma superfície cilíndrica de raio R. Encontre o ângulo crítico no qual a partícula é jogada da superfície sem qualquer ação externa.

Figura 6.7 – Corpo deslizando sobre uma superfície cilíndrica

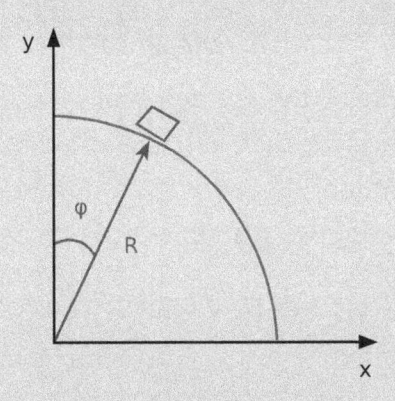

Temos de escrever a lagrangiana levando em consideração que R varia no tempo, sendo a posição definida como $\vec{r} = R(t)\text{sen}(\varphi(t))\hat{i} + R(t)\text{sen}(\varphi(t))\hat{j}$. Após o cálculo da velocidade $|\dot{\vec{r}}|^2$, obtemos:

$$L = \frac{m}{2}\left(\dot{R}^2 + R^2\dot{\varphi}^2\right) - mgR\cos\varphi$$

Agora, impomos uma restrição, chamando o raio de L:

$$\phi_1 = R - L = 0$$

Utilizando o método e tendo apenas um vínculo, precisamos derivar em relação às coordenadas:

$$a_{r1} = \frac{\partial \phi_1}{\partial r} = 1, \ a_{\theta 1} = \frac{\partial \phi_1}{\partial \theta} = 0$$

Enfim, chegamos à equação do movimento:

$$m\ddot{R} - mR\dot{\varphi}^2 + mg\cos\varphi = \lambda_1(\varphi)$$

$$mR^2\ddot{\varphi} - 2mR\dot{R}\dot{\varphi} + mgR\text{sen}\varphi = 0$$

Sabendo que R = L, suas derivadas são nulas, e temos as seguintes equações:

$$-mL\dot{\varphi}^2 + mg\cos\varphi = \lambda_1(\varphi)$$
$$L\ddot{\varphi} - g\sin\varphi = 0$$

Se desde o início tivéssemos analisado esse problema sem considerar o vínculo, não chegaríamos à equação com o multiplicador de Lagrange. Diferenciando em relação ao ângulo usando a regra da cadeia $\dfrac{dF(\varphi)}{dt} = \dfrac{dF(\varphi)}{d\varphi}\dot{\varphi}$ e a segunda equação para eliminar o termo $\ddot{\varphi}$:

$$-2mL\ddot{\varphi} - mg\sin\theta = \frac{d\lambda_1}{d\varphi} \rightarrow \frac{d\lambda_1}{d\varphi} = -3mg\,\sin\varphi$$

Após a integração, obtemos o valor do multiplicador:

$$\lambda_1(\varphi) = 3mg\cos\varphi + K$$

Neste momento, temos de encontrar o valor da constante *K*. Para isso, voltamos à equação diferenciada com o valor $\varphi = 0$:

$$-mL\left(\frac{d\varphi}{dt}\right)^2_{\varphi=0} + mg = \lambda_1(\varphi=0) = 3mg + K$$

$$K = -2mg - mL\left(\frac{d\varphi}{dt}\right)^2_{\varphi=0}$$

O resultado nos fornece um valor de K = –2mg para a velocidade angular nula. Assim, o valor de λ_1 será obtido pelo seguinte cálculo:

$$\lambda_1(\varphi) = mg(3\cos\varphi - 2)$$

Finalizando, para o cálculo do ângulo crítico, precisamos do valor de λ_1 tal que o vínculo deixe de existir, ou seja:

$$\lambda_1\left(\varphi_{critico}\right) = 0 = mg\left(3\cos\varphi_{critico} - 2\right) \to \cos\varphi_{critico} = \frac{2}{3}$$

O resultado não depende do valor da massa tampouco do valor da gravidade. Nessas condições, $\varphi_{critico} = 49{,}2°$. Assim, o valor da força de vínculo é zero, pois ela tem a mesma forma:

$$f_r = mg\left(3\cos\varphi - 2\right)$$

Podemos considerar essa função o módulo da força normal na superfície.

2. Utilizemos um corpo extenso, o ioiô, como um cilindro de massa m e raio R em queda vertical, conforme a Figura 6.8. Encontre as forças de vínculo atuantes nesse sistema.

Figura 6.8 – Ioiô

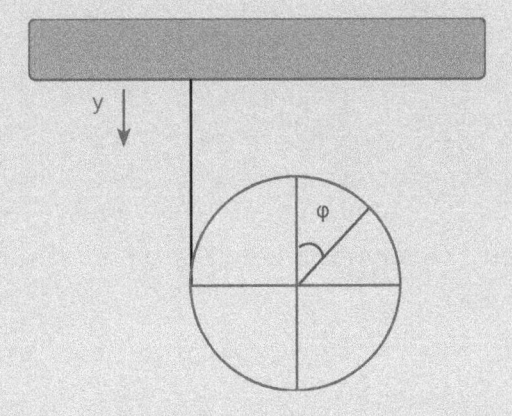

Obtemos a lagrangiana do sistema de maneira simples, com a energia cinética de translação, a energia cinética de rotação e a energia potencial gravitacional proposta:

$$L = \frac{1}{2}m\dot{y}^2 + \frac{1}{2}I_{CM}\dot{\varphi}^2 + mgy$$

Eis que $I_{CM} = \left(\frac{1}{2}\right)mR^2$, muito recorrente na dinâmica dos corpos rígidos, chamado de *momento de inércia* do cilindro com rotação em torno de seu centro de massa. O que podemos analisar previamente é que $\dot{y} = R\dot{\varphi}$. Trata-se da condição de não deslizamento, a qual, integrada, funciona como um vínculo:

$$\phi_1 = y - R\varphi = 0$$

Considerando todo o exposto, temos de reescrever a lagrangiana com o valor do momento de inércia:

$$L = \frac{1}{2}m\dot{y}^2 + \frac{1}{4}mR^2\dot{\varphi}^2 + mgy$$

Isso nos proporciona uma equação de movimento:

$$\frac{d}{dt}\left(\frac{\partial L}{\partial \dot{y}}\right) - \frac{\partial L}{\partial y} = \lambda_1 \frac{\partial \phi_1}{\partial y} \rightarrow mg - m\ddot{y} = -\lambda_1$$

$$\frac{d}{dt}\left(\frac{\partial L}{\partial \dot{\varphi}}\right) - \frac{\partial L}{\partial \varphi} = \lambda_1 \frac{\partial \phi_1}{\partial \varphi} \rightarrow -\frac{1}{2}mR^2\ddot{\varphi} = \lambda_1 R$$

Com o vínculo, temos uma terceira equação $\ddot{y} = R\ddot{\varphi}$, por meio da qual chegamos a um valor para o multiplicador de Lagrange:

$$\lambda_1 = -\frac{1}{3}mg$$

Com isso, torna-se possível calcular as forças de vínculo:

$$f_y = \lambda_1 \frac{\partial \phi_1}{\partial y} = -\frac{1}{3}mg, \quad f_\varphi = \lambda_1 \frac{\partial \phi_1}{\partial \varphi} = -\frac{1}{3}mgR$$

Ressaltamos que tais forças permanecem constantes em todo o movimento. Podemos interpretar a força f_y como a tensão do fio do ioiô e f_φ como o torque realizado.

6.5 Teoria clássica de campos

A teoria clássica de campos descreve o comportamento dos campos físicos, entre eles o eletromagnético e o gravitacional. Estes são descritos por equações matemáticas conhecidas como *equações de campo*, que relacionam as propriedades do campo em um ponto do espaço com as propriedades em pontos vizinhos. Tal teoria é amplamente utilizada em diversas áreas da física, como na física de partículas, na cosmologia e na física do estado sólido, e é essencial para entender como as partículas elementares interagem entre si e como se manifestam as forças fundamentais da natureza, como a eletromagnética e a gravitacional. Para clarificar a dinâmica desses campos clássicos, mobilizamos a generalização da equação de Euler-Lagrange para campos.

Anteriormente, já estabelecemos o princípio de Hamilton generalizado:

$$\frac{\partial F}{\partial y_i} - \sum_k \frac{\partial}{\partial x_k}\left(\frac{\partial F}{\partial\left(\frac{\partial y_i}{\partial x_k}\right)}\right) = 0$$

em que o objeto a ser extremizado depende de:

$$F\left(y_1(x_i), \frac{\partial y_1}{\partial x_i}, y_2(x_i), \frac{\partial y_2}{\partial x_i}, \ldots, y_N(x_i), \frac{\partial y_N}{\partial x_i}, x_i\right)$$

Então, podemos fazer a transição para a mecânica do contínuo, na qual há um princípio de mínima ação escrito como:

$$\delta S = \delta \int_M d^4x\, L\left(\varphi, \frac{\partial \varphi}{\partial t}, \vec{\nabla}\varphi, x, y, z, t\right) = 0$$

O campo φ pode ser um campo qualquer para descrever desde a mecânica dos fluidos até a física de partículas (tomando o cuidado para saber qual é a melhor representação utilizada).

A equação de Euler-Lagrange para esse sistema será:

$$\frac{\partial L}{\partial \varphi_\mu} - \frac{\partial}{\partial t}\left(\frac{\partial L}{\partial\left(\frac{\partial \varphi_\mu}{\partial t}\right)}\right) - \vec{\nabla}\left(\frac{\partial L}{\partial(\vec{\nabla}\varphi_\mu)}\right) = 0$$

Para um sistema físico escrito no espaço-tempo de Minkowski, no qual escolhemos $x^0 = ct$, podemos generalizar a equação anterior da seguinte forma:

$$\frac{\partial L}{\partial \varphi_\mu} - \partial_\nu\left(\frac{\partial L}{\partial(\partial_\nu \varphi_\mu)}\right) = 0$$

Isso porque conhecemos o operador quadridimensional:

$$\partial_\nu = \frac{\partial}{\partial x^\nu} = \left(\frac{\partial}{\partial x^0}, \frac{\partial}{\partial x^1}, \frac{\partial}{\partial x^2}, \frac{\partial}{\partial x^3}\right) = \left(\frac{1}{c}\frac{\partial}{\partial t}, \vec{\nabla}\right)$$

6.5.1 Campo escalar

Um primeiro exemplo que costuma ser analisado em cursos de teoria de campos é o do campo escalar, que pode representar a dinâmica dos mésons, modelado pela lagrangiana:

$$L = \frac{1}{2}\partial_\mu \varphi \partial^\mu \varphi - \frac{m^2}{2}\varphi^2$$

em que *m* é a massa da partícula.

> **O que é**
>
> **Méson**
>
> Na teoria de campos e partículas, o méson é uma partícula hadrônica formada por um número igual de *quarks* e *antiquarks* (com carga de cor oposta) e tem tamanho que corresponde a, aproximadamente, 60% do próton e/ou nêutron. Os mésons são instáveis e têm baixa meia-vida. O decaimento de mésons mais pesados ocorre para mésons mais leves e, depois, para elétrons estáveis, neutrinos e fótons.
>
> Existem diversos mésons, como káons, píons, J/Ψ etc.
>
> O méson pi foi descoberto pelo físico curitibano Cesar Lattes, em 1947, na Universidade de Bristol, na Inglaterra.

Essa lagrangiana é invariante sob as transformações de Lorentz, relativisticamente definida. Podemos usar a equação de Euler-Lagrange para encontrar a dinâmica do méson, como segue:

$$\frac{\partial L}{\partial \varphi} - \partial_\mu \left(\frac{\partial L}{\partial(\partial_\mu \varphi)} \right) = 0$$

$$\frac{\partial L}{\partial \varphi} = m^2 \varphi$$

$$\frac{\partial L}{\partial(\partial_\mu \varphi)} = \frac{\partial}{\partial(\partial_\mu \varphi)} \left[\frac{1}{2} \partial_\alpha \varphi \partial^\alpha \varphi \right] = \frac{\partial}{\partial(\partial_\mu \varphi)} \left[\frac{1}{2} g_{\alpha\beta} \partial^\alpha \varphi \partial^\beta \varphi \right]$$

Pela regra do produto, obtemos (destacamos que tomamos o cuidado de mudar o nome do índice mudo):

$$\frac{\partial L}{\partial(\partial_\mu \varphi)} = \frac{1}{2} \left[g_{\alpha\beta} \underbrace{\frac{\partial(\partial^\alpha \varphi)}{\partial(\partial_\mu \varphi)}}_{\delta^{\alpha\mu}} \partial^\beta \varphi + g_{\alpha\beta} \partial^\alpha \varphi \underbrace{\frac{\partial(\partial^\beta \varphi)}{\partial(\partial_\mu \varphi)}}_{\delta^{\beta\mu}} \right] =$$

$$= \frac{1}{2} \left[g_{\mu\beta} \partial^\beta \varphi + g_{\mu\alpha} \partial^\alpha \varphi \right] = \partial^\mu \varphi$$

Então, chegamos à chamada equação de Klein-Gordon:

$$\partial_\mu \partial^\mu \varphi + m^2 \varphi = 0$$

em que o operador $\partial_\mu \partial^\mu = \partial^2 = \Box$.

6.5.2 Campo eletromagnético

Para encerrar a abordagem deste capítulo, analisemos outro exemplo muito importante, relativo ao caso do eletromagnetismo na presença de um termo de fonte dado pelo vetor quadricorrente, representado pela seguinte lagrangiana:

$$L = -\frac{1}{4}F^{\mu\nu}F_{\mu\nu} - \frac{1}{c}j^{\mu}A_{\mu}$$

Todas as definições foram estabelecidas no capítulo anterior. Nesse caso, o campo é o quadrivetor potencial A_μ, o que remete à equação de Euler-Lagrange:

$$\frac{\partial L}{\partial A_\mu} - \partial_\nu \left(\frac{\partial L}{\partial(\partial_\nu A_\mu)} \right) = 0$$

O termo que contém somente A_μ é o de fonte, e o que apresenta somente $\partial_\nu A_\mu$ é o bilinear de $F^{\mu\nu}$. Logo:

$$\partial_\nu \left(\frac{\partial L}{\partial(\partial_\nu A_\mu)} \right) = -\frac{1}{c}j^\mu$$

Focaremos no primeiro termo, em que recorreremos à regra do produto, como fizemos no caso do campo escalar anterior:

$$\frac{\partial L}{\partial(\partial_\nu A_\mu)} = -\frac{1}{4}\left(\frac{\partial F^{\alpha\beta}}{\partial(\partial_\nu A_\mu)}F_{\alpha\beta} + F^{\alpha\beta}\frac{\partial F_{\alpha\beta}}{\partial(\partial_\nu A_\mu)} \right)$$

Observando a expressão, percebemos que os dois termos são semelhantes. Portanto, é possível fazer uso da métrica para unir ambos: baixamos os índices do termo fora da derivada e levantamos os índices do tensor no interior da derivada, como segue:

$$F^{\alpha\beta}\frac{\partial F_{\alpha\beta}}{\partial(\partial_\nu A_\mu)} = g^{\alpha\gamma}g^{\beta\sigma}F_{\gamma\sigma}\frac{\partial F_{\alpha\beta}}{\partial(\partial_\nu A_\mu)} = F_{\gamma\sigma}\frac{\partial \left(\overbrace{g^{\alpha\gamma}g^{\beta\sigma}F_{\alpha\beta}}^{F^{\gamma\sigma}}\right)}{\partial(\partial_\nu A_\mu)} = F_{\alpha\beta}\frac{\partial F^{\alpha\beta}}{\partial(\partial_\nu A_\mu)}$$

Considerando que na última igualdade alteramos os índices, a fim de vislumbrar a igualdade nos termos e reescrever:

$$\frac{\partial L}{\partial(\partial_v A_\mu)} = -\frac{1}{2}\left(\frac{\partial F^{\alpha\beta}}{\partial(\partial_v A_\mu)} F_{\alpha\beta}\right)$$

agora, partiremos para a derivada do tensor eletromagnético:

$$\frac{\partial F^{\alpha\beta}}{\partial(\partial_v A_\mu)} = \frac{\partial}{\partial(\partial_v A_\mu)}\left(\partial^\alpha A^\beta - \partial^\beta A^\alpha\right) = \frac{\partial(\partial^\alpha A^\beta)}{\partial(\partial_v A_\mu)} - \frac{\partial(\partial^\beta A^\alpha)}{\partial(\partial_v A_\mu)}$$

Sabendo que:

$$\frac{\partial(\partial^\beta A^\alpha)}{\partial(\partial_v A_\mu)} = \delta^{\beta v}\delta^{\alpha\mu}$$

temos:

$$\frac{\partial F^{\alpha\beta}}{\partial(\partial_v A_\mu)} = \delta^{\alpha v}\delta^{\beta\mu} - \delta^{\beta v}\delta^{\alpha\mu}$$

Isso conduz à equação:

$$\frac{\partial L}{\partial(\partial_v A_\mu)} = -\frac{1}{2}\left(\left(\delta^{\alpha v}\delta^{\beta\mu} - \delta^{\beta v}\delta^{\alpha\mu}\right)F_{\alpha\beta}\right) = -\frac{1}{2}\left(F_{v\mu} - F_{\mu v}\right) = F_{\mu v}$$

Retomando a equação de Euler-Lagrange, chegamos, enfim, às equações de Maxwell:

$$\partial_v\left(\frac{\partial L}{\partial(\partial_v A_\mu)}\right) = \partial_v F^{\mu v} = -\frac{1}{c}j^\mu$$

Em decorrência do caráter antissimétrico, podemos escrever:

$$\partial_v F^{v\mu} = \frac{1}{c}j^\mu$$

Frisamos que essa definição é diferente do que expusemos no capítulo anterior, mas aqui estamos utilizando as unidades no sistema Heaviside-Lorentz, que é mais recorrente na teoria quântica de campos. Na realidade, os textos mais avançados usam o sistema natural de unidades $c = \hbar = 1$, ficando com a equação de Maxwell:

$$\partial_\nu F^{\nu\mu} = j^\mu$$

Salientamos que as outras equações não são dinâmicas. Isso significa que não decorrem do estudo dinâmico das equações de movimento, mas, sim, de vínculos geométricos dados por esta equação:

$$\epsilon^{\mu\nu\alpha\beta} \partial_\nu F_{\alpha\beta} = 0$$

Indicação cultural

Para se aprofundar nos estudos da teoria de campos, recomendamos a leitura da seguinte obra:

BARCELOS NETO, J. **Teoria de campos e natureza**: parte quântica. São Paulo: Livraria da Física, 2017.

Síntese

Neste capítulo, tratamos da dinâmica sob a perspectiva de Lagrange e Hamilton, dois físicos que muito somaram ao conhecimento da mecânica clássica. Começamos abordando o cálculo variacional, com o exemplo da

braquistócrona, chegando à famosa equação de Euler-
-Lagrange. Em seguida, apresentamos o princípio de
Hamilton da ação mínima e seu formalismo, finalizando
com o cálculo variacional com vínculos. Por fim, fizemos
uma breve introdução à teoria clássica de campos, cujo
estudo se concentra na dinâmica dos campos, a qual diz
respeito a representações matemáticas de diversos objetos, como partículas, ondas etc.

Atividades de autoavaliação

1) Considere uma partícula na parte interna de uma
   superfície cônica:

Figura A – Partícula em superfície cônica

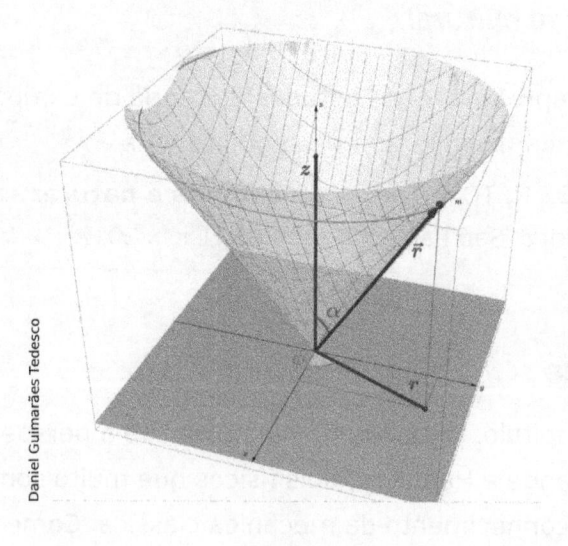

Esse sistema tem simetria cilíndrica, com as seguintes coordenadas:

$$\begin{cases} x = r\cos\phi \\ y = r\,\text{sen}\,\phi \\ z = z \end{cases}$$

Como o sistema está restrito ao cone, configura-se um vínculo dado por $r = z\,\text{tg}\,\alpha$, sendo α constante. A lagrangiana do sistema no sistema cilíndrico é dada por:

a) $L = \dfrac{m}{2}\left(\sec^2\alpha\,\dot{z}^2 + \text{tg}^2\alpha\,\dot{\phi}^2 z\right) - mgz$

b) $L = \dfrac{m}{2}\left(\sec^2\alpha\,\dot{z}^2 + \text{tg}^2\alpha\,\dot{\phi}^2 z^3\right) - mgz$

c) $L = \dfrac{m}{2}\left(\sec^2\alpha\,\dot{z}^2 + \text{tg}^2\alpha\,\dot{\phi}^2 z^2\right) - mgz$

d) $L = \dfrac{m}{2}\left(\text{sen}^2\alpha\,\dot{z}^2 + \text{tg}^2\alpha\,\dot{\phi}^2 z^2\right) - mgz$

e) $L = \dfrac{m}{2}\left(\sec^2\alpha\,\dot{z}^2 + \text{tg}^2\phi\,\dot{\phi}^2 z^2\right) - mgz$

2) Ainda com relação à dinâmica da atividade anterior, notamos que existe uma quantidade conservada que se refere ao momento conjugado ao ângulo, dado por:

a) $p_\phi = \left(m\,\text{tg}^2\alpha\right)\dot{\phi}^2 z^2$

b) $p_z = \left(m\,\text{tg}^2\alpha\right)\dot{\phi}^2 z^2$

c) $p_\phi = \left(m\,\text{tg}^2\alpha\right)\dot{\phi} z^2$

d) $p_\phi = \left(m\,\text{tg}^2\alpha\right)\dot{\phi}^2 z$

e) Não há quantidade conservada.

3) Considere uma partícula presa a um cilindro com uma mola de constante k:

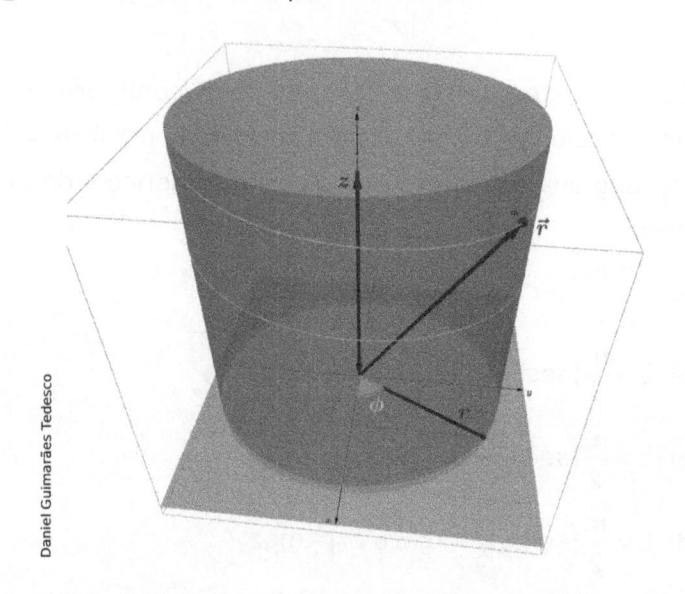

Figura B – Partícula em superfície cilíndrica

O potencial elástico é dado por $V = \dfrac{kx^2}{2}$. A lagrangiana e a hamiltoniana desse sistema são dadas por:

a) $L = \dfrac{m}{2}\left(R^2\dot{\phi}^2 + \dot{z}^2\right) - \dfrac{k}{2}\left(R+z\right)$,

$H(z, p_\phi, p_z) = \dfrac{p_\phi^2}{2mR^2} + \dfrac{p_z^2}{2m} + \dfrac{1}{2}kz^2 + \dfrac{1}{2}kR^2$

b) $L = \dfrac{m}{2}\left(R^2\dot{\phi}^2 + \dot{z}\right) - \dfrac{k}{2}\left(R^2 + z^2\right)$,

$H(z, p_\phi, p_z) = \dfrac{p_\phi^2}{2mR^2} + \dfrac{p_z^2}{2m} + \dfrac{1}{2}kz + \dfrac{1}{2}kR$

c) $L = \dfrac{m}{2}\left(R^2\dot\phi^2 + \dot z\right) - \dfrac{k}{2}\left(R + z\right),$

$H(z,p_\phi,p_z) = \dfrac{p_\phi^2}{2mR^2} + \dfrac{p_z^2}{2m} + \dfrac{1}{2}kz^2 + \dfrac{1}{2}kR^2$

d) $L = \dfrac{m}{2}\left(R\dot\phi^2 + \dot z^2\right) - \dfrac{k}{2}\left(R^2 + z\right),$

$H(z,p_\phi,p_z) = \dfrac{p_\phi^2}{2mR^2} + \dfrac{p_z^2}{2m} + \dfrac{1}{2}kz + \dfrac{1}{2}kR$

e) $L = \dfrac{m}{2}\left(R^2\dot\phi^2 + \dot z^2\right) - \dfrac{k}{2}\left(R^2 + z^2\right),$

$H(z,p_\phi,p_z) = \dfrac{p_\phi^2}{2mR^2} + \dfrac{p_z^2}{2m} + \dfrac{1}{2}kz^2 + \dfrac{1}{2}kR^2$

4) Em mecânica, faz-se um estudo de forças que surgem em referenciais não inerciais. A partir da lagrangiana com potencial constante em coordenadas esféricas, escreva as equações do movimento de uma partícula e identifique os termos de força centrífuga e de Coriolis.

5) Os campos escalares desempenham um importante papel na física de partículas e na teoria de campos. O mecanismo de Higgs utiliza o campo escalar para gerar massa para partículas específicas, em um contexto chamado *quebra espontânea de simetria*. Contudo, no contexto do modelo-padrão, usa-se o campo escalar complexo, cuja lagrangiana é dada por:

$$\mathcal{L} = \partial_\mu \phi \partial^\mu \phi^* - m^2 \phi^* \phi - U\left(|\phi|^2\right)$$

Sendo U a energia potencial que depende de $|\phi|^2 = \phi^*\phi$, mostre que a lagrangiana é simétrica sobre a transformação $\phi \rightarrow e^{i\gamma}\phi$ (γ é um número real) e calcule as equações do movimento para os campos (note que aqui configura-se o campo ϕ^* e ϕ).

Atividades de aprendizagem

Questões para reflexão

1) No estudo das equações de Maxwell, não há referência a uma massa como na lagrangiana e nas equações do movimento do campo escalar. Muito se discutiu acerca da possibilidade da massa de um fóton. Na lagrangiana do campo escalar, existe um termo de massa m^2:

$$\mathcal{L} = \frac{1}{2}\partial_\mu \phi \partial^\mu \phi - \frac{1}{2}m^2\phi^2 - U(\phi)$$

Por seu turno, na eletrodinâmica, esse termo não existe. O que acontece com o eletromagnetismo quando adicionamos um termo de massa como na lagrangiana anterior? Pense em quais seriam as alterações se adicionássemos à lagrangiana um termo $m^2 A_\mu A^\mu$ da seguinte forma:

$$L = -\frac{1}{4}F^{\mu\nu}F_{\mu\nu} + \frac{1}{2}m^2 A_\mu A^\mu - j^\mu A_\mu$$

2) Agora que os cálculos foram feitos, quais são os efeitos práticos de um fóton com massa?

Atividade aplicada: prática

1) A matemática é uma ferramenta fundamental para duas teorias em especial: a teoria clássica de campos e a teoria quântica de campos. A esse respeito, pesquise na internet sobre os estudos brasileiros em teoria de campos. Em seguida, elabore um glossário com as palavras mais importantes citadas neste capítulo, com suas respectivas traduções em inglês (busque no Google Acadêmico, Scopus, Arxiv etc.).

Considerações finais

Neste livro, abordamos vários métodos matemáticos em diálogo com a física, como o título sugere. Sabemos que nem sempre é fácil ou agradável para um físico lidar com a matemática, mas estabelecer uma conexão com o objeto de estudo pode ser altamente motivador. Malgrado a forma como um físico pensa sobre a matemática seja diferente da de um matemático, é uma ferramenta fundamental para todos os tipos de físicos: teóricos, experimentais e aplicados. De fato, é necessário um grande esforço para entender a matemática, mas o resultado final é sempre recompensador.

Iniciamos nossos estudos com a álgebra linear e, assim, construímos uma base sólida para abordar diversos espaços vetoriais. Nessa perspectiva, apresentamos a teoria de Sturm-Liouville, que subsidia a construção da física. Em seguida, passamos pelos números complexos, pelas funções especiais, bem como pelos tensores e por outras quantidades matemáticas importantíssimas. Ao final, fechamos com o cálculo variacional e suas aplicações.

Procuramos manter a exposição dos conteúdos discutidos nesta obra de modo conciso e prático, a fim de que você, leitor(a), tome conhecimento de todos os conteúdos imprescindíveis para a carreira de físico, independente de sua escolha profissional.

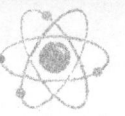

Esperamos que você aproveite ao máximo este material, que foi produzido com muita dedicação.

Referências

ARFKEN, G. B.; WEBER, H. J. **Física matemática**: métodos matemáticos para engenharia e física. 2. ed. Rio de Janeiro: Elsevier/Campus, 2017.

BARCELOS NETO, J. **Mecânica**: newtoniana, lagrangiana e hamiltoniana. São Paulo: Livraria da Física, 2004.

BINDILATTI, V. **Autoenergias e autoestados do oscilador**. 2004. Disponível em: <http://plato.if.usp.br/1-2004/fnc0376n/WWW/na1/node11.html>. Acesso em: 15 mar. 2023.

BUTKOV, E. **Física matemática**. Rio de Janeiro: LTC, 1988.

COHEN-TANNOUDJI, C.; DIU, B.; LALOË, F. **Quantum Mechanics**. New York: Wiley, 1977.

D'INVERNO, R, **Introducing To Einstein's Relativity**. Oxford: Oxford University Press, 1992.

EINSTEIN, A. **Geometry and Experience**. 1921. Disponível em: <https://mathshistory.st-andrews.ac.uk/Extras/Einstein_geometry/>. Acesso em: 15 jul. 2023.

GOLDSTEIN, H. **Classical Mechanics**. 2. ed. New York: Addison Wesley, 2002.

MISNER, C. W.; THORNE, K. S.; WHEELER, J. A. **Gravitation**. New York: Freeman, 1973.

OLIVEIRA, E. C. **Funções especiais com aplicações**. 2. ed. São Paulo: Livraria da Física, 2011.

SARDELLA, E. **Física-matemática**: teoria e aplicações. São Paulo: Cultura Acadêmica, 2008.

SYMON, K. R. **Mecânica**. 2. ed. Rio de Janeiro: Campus, 1986.

TOLEDO PIZA, A. F. R. **Mecânica quântica**. São Paulo: Edusp, 2003.

WOLFRAM MATHWORLD. **Bessel Function of the First Kind**. Disponível em: <https://mathworld.wolfram.com/BesselFunctionoftheFirstKind.html>. Acesso em: 15 jul. 2023a.

WOLFRAM MATHWORLD. **Bessel Function of the Second Kind**. Disponível em: <https://mathworld.wolfram.com/BesselFunctionoftheSecondKind.html>. Acesso em: 15 jul. 2023b.

WOLFRAM MATHWORLD. **Cycloid**. Disponível em: <https://mathworld.wolfram.com/Cycloid.html>. Acesso em: 15 jul. 2023c.

WOLFRAM MATHWORLD. **Gamma Function**. Disponível em: <https://mathworld.wolfram.com/GammaFunction.html>. Acesso em: 15 jul. 2023d.

WOLFRAM MATHWORLD. **Hermite Polynomial**. Disponível em: <https://mathworld.wolfram.com/HermitePolynomial.html>. Acesso em: 15 jul. 2023e.

WOLFRAM MATHWORLD. **Spherical Harmonic**. Disponível em: <https://mathworld.wolfram.com/SphericalHarmonic.html>. Acesso em: 15 jul. 2023f.

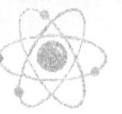

Bibliografia comentada

ARFKEN, G. B.; WEBER, H. J. **Física matemática**: métodos matemáticos para engenharia e física. 2. ed. Rio de Janeiro: Elsevier/Campus, 2017.

Esse livro apresenta uma construção matemática que parte dos elementos da matemática fundamental, passa pela construção da teoria de Sturm-Liouville usando a álgebra linear e chega a elementos mais complexos, como as funções especiais, a teoria de grupos e o cálculo variacional. Além desses temas, a obra versa sobre funções de Green, análise complexa, equações e transformações integrais e encerra com a probabilidade e a estatística. Trata-se de um guia completo sobre a matemática utilizada na física.

BARCELOS NETO, J. **Mecânica**: newtoniana, lagrangiana e hamiltoniana. São Paulo: Livraria da Física, 2004.

Essa obra apresenta toda a construção da mecânica, em que Barcelos Neto reúne as abordagens clássicas newtoniana, lagrangiana e hamiltoniana. É um livro excelente como primeira leitura da mecânica clássica, pois o autor explica a teoria e sua aplicação em exercícios clássicos. Ele inicia com as ideias fundamentais da mecânica newtoniana, incluindo a segunda lei de Newton, a conservação de energia e de momento linear, o teorema do impulso e a equação de movimento. Em seguida, discute as bases da mecânica lagrangiana, por exemplo, o princípio de mínima ação e as equações de Euler-Lagrange. Na sequência, o debate centra-se na mecânica hamiltoniana, que consiste em uma reformulação da mecânica lagrangiana em termos das funções e equações de Hamilton. Ainda, o autor detalha os formalismos de Poisson e de Liouville, bem como as equações de Hamilton-Jacobi e a teoria da ação-ângulo. Ademais, apresenta uma discussão pormenorizada acerca da teoria das perturbações, que se trata de um método importante para estudar sistemas não lineares e osciladores. Outros tópicos abordados são sistemas com forças centrais, oscilações amortecidas e forçadas, sistemas rotacionais e problemas de mecânica clássica avançada.

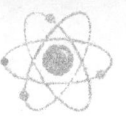

BINDILATTI, V. **Autoenergias e autoestados do oscilador**. 2004. Disponível em: <http://plato.if.usp.br/1-2004/fnc0376n/WWW/na1/node11.html>. Acesso em: 15 jul. 2023.

O artigo escrito por Vitor Bindilatti enfoca em uma discussão sobre os autoestados e as autoenergias do oscilador harmônico. O objetivo é fornecer uma visão mais clara e intuitiva sobre o assunto, especialmente para aqueles que estão começando seus estudos em mecânica quântica. O autor inicia seu texto introduzindo o modelo do oscilador harmônico clássico, que corresponde a uma massa presa a uma mola que oscila em torno de uma posição de equilíbrio. A partir disso, ocorre uma transição para o modelo quântico do oscilador harmônico, descrito pelo hamiltoniano do oscilador harmônico.

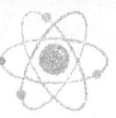

BUTKOV, E. **Física matemática**. Rio de Janeiro: LTC, 1988.

Essa é mais uma obra que trata sobre a construção matemática para físicos. Em conjunto com o livro de Arfken e Weber, faz parte da literatura clássica da física-matemática. O texto parte dos vetores e espaços vetoriais, construindo todos os campos necessários com as coordenadas curvilíneas. Ainda, o autor aborda alguns tópicos de análise complexa, equações diferenciais e técnicas como as séries de Fourier e as transformadas de Laplace e Fourier. Além disso, Butkov discute as equações diferenciais parciais, as funções especiais e as funções de Green; e encerra o material abordando métodos variacionais, ondas e tensores. Trata-se de um guia bastante completo sobre a matemática usada pelos físicos.

COHEN-TANNOUDJI, C.; DIU, B.; LALOË, F. **Quantum Mechanics**. New York: Wiley, 1977.

Esse livro aborda toda a mecânica quântica, partindo dos fundamentos em direção à solução do átomo de hidrogênio. É, certamente, uma das obras mais completas sobre a temática, e esse volume inicial é dedicado à construção matemática e à epistemológica da mecânica quântica. No início, os autores fazem uma revisão dos conceitos matemáticos necessários para entender a teoria quântica, incluindo álgebra de operadores e notação de Dirac. Em seguida, gradualmente introduzem a teoria quântica, começando com a mecânica quântica de um único estado e avançando para sistemas com vários estados. Além disso, contemplam uma ampla gama de tópicos, como átomos hidrogenoides, estruturas finas e hiperfinas, átomos com muitos elétrons, espectros atômicos, e interação da radiação eletromagnética com a matéria. Complementarmente, discutem a teoria da dispersão e a física de colisões, e outros temas relevantes, a exemplo da teoria da perturbação e da teoria de campos. Uma característica interessante deste livro são os adendos do capítulo, nos quais constam exemplos e amplas aplicações dos conceitos trabalhados.

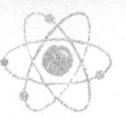

D'INVERNO, R, **Introducing To Einstein's Relativity**. Oxford: Oxford University Press, 1992.

Trata-se de uma obra introdutória sobre a teoria da relatividade de Einstein. O livro foi elaborado para ser acessível a graduandos em Física que estão iniciando seus estudos sobre essa teoria, mas também é útil para alunos de pós-graduação e pesquisadores que desejam fazer uma revisão clara e concisa dela. O autor propõe uma discussão acerca dos princípios básicos da física que levaram à formulação da teoria da relatividade especial. Em seguida, faz uma breve introdução à geometria diferencial, a ferramenta matemática essencial para o estudo da relatividade geral. Na sequência, D'Inverno concentra-se nos principais conceitos e resultados da teoria da relatividade, incluindo a relatividade especial, a relatividade geral, a relatividade da gravitação e os buracos negros. O livro é notável por sua clareza e concisão, uma vez que o autor recorre a exemplos concretos e ilustrações para ajudar os leitores a compreenderem noções abstratas vinculadas à teoria da relatividade. Além disso, ao final de cada capítulo, constam exercícios e problemas que auxiliam os leitores a verificar o entendimento do conteúdo trabalhado.

EINSTEIN, A. **Geometry and Experience**. 1921. Disponível em: <https://mathshistory.st-andrews.ac.uk/Extras/Einstein_geometry/>. Acesso em: 15 jul. 2023.

Trata-se de um discurso de Albert Einstein, realizado em 27 de janeiro de 1921, na Academia Prussiana de Ciências, em Berlim. É uma reflexão a respeito das implicações filosóficas concernentes à teoria da relatividade, que havia sido desenvolvida pelo cientista cerca de 15 anos antes. No ensaio, Einstein argumenta que a geometria não é uma disciplina independente da física, mas sim uma ferramenta que esta utiliza para descrever o mundo. Ainda, ele discute a diferença entre a geometria euclidiana tradicional e a geometria não euclidiana, usada na teoria da relatividade. O cientista comenta que a geometria não euclidiana corresponde a uma descrição mais precisa da natureza, especialmente no que concerne a fenômenos gravitacionais. Além disso, ele argumenta sobre a natureza da experiência e como ela é moldada por nossas percepções de mundo, as quais são influenciadas pelas limitações de nossos sentidos e pela maneira como construímos nossas teorias do mundo. Nesse sentido, ele sugere que a ciência é uma tentativa de superar essas limitações e de compreender a verdadeira natureza da realidade. O ensaio é notável por sua clareza e profundidade filosófica, pois oferece uma visão fascinante da mente de Einstein e de sua abordagem referente à física e à filosofia. Esse texto continua sendo uma leitura essencial para quem deseja entender a relação entre geometria, física e experiência, bem como a visão de mundo única de Einstein.

GOLDSTEIN, H. **Classical Mechanics**. 2nd. ed. New York: Addison Wesley, 2002.

Esse clássico sobre mecânica é utilizado em grande parte dos cursos de Física de todo o mundo. Ele apresenta de modo completo os formalismos clássicos da mecânica, focando nos formalismos lagrangiano e hamiltoniano. Escrito pelo físico Herbert Goldstein, foi publicado em 1950, e desde então tem sido amplamente usado como material de estudo. A obra é dividida em três partes principais: cinemática, dinâmica e mecânica hamiltoniana e lagrangiana. Na primeira, são apresentados os conceitos básicos da cinemática, incluindo a descrição do movimento em termos de posição, velocidade e aceleração. Na segunda, discute-se a dinâmica de partículas e os sistemas de partículas, bem como a segunda lei de Newton e a conservação da energia e do momento. Por fim, na terceira, a abordagem centra-se nos conceitos avançados da mecânica hamiltoniana e lagrangiana, além do princípio de mínima ação e da formalização matemática da mecânica.

MISNER, C. W.; THORNE, K. S.; WHEELER, J. A. **Gravitation**. New York: Freeman, 1973.

Gravitation é um livro voltado à pós-graduação o qual apresenta a teoria geral da relatividade de Einstein, além de oferecer um curso rigoroso e completo de um ano sobre a física da gravitação. Depois de publicado, foi chamado de obra-prima pedagógica pela revista Science e desde então se tornou um clássico considerado essencial para todos os estudantes e pesquisadores do campo da relatividade. Esse texto basicamente moldou toda a pesquisa de físicos e astrônomos e segue influenciando profissionais até os dias de hoje. Com ênfase na interpretação geométrica, a obra introduz a teoria da relatividade, descreve aplicações físicas (de estrelas a buracos negros e ondas gravitacionais) e retrata as fronteiras do campo. Além disso, fornece um caminho alternativo de duas trilhas pela matéria: o material concentrado em ideias físicas básicas é designado como "Trilha 1" e formula um curso apropriado de pós-graduação com duração de um semestre. O restante, a "Trilha 2", trata de tópicos avançados que podem ser utilizados por instrutores em um curso de dois semestres, para o qual as seções da "Trilha 1" servem como prerrequisitos.

OLIVEIRA, E. C. **Funções especiais com aplicações**. 2. ed. São Paulo: Livraria da Física, 2011.

Esse é um excelente livro para estudantes das ciências naturais que precisam ter um razoável conhecimento sobre a teoria das equações diferenciais ordinárias e parciais. Contempla essas funções, desde a série de Laurent até as funções hipergeométricas confluentes e os polinômios de Laguerre generalizados. Além disso, Oliveira inseriu apêndices que versam a respeito de temas como o método de separação de variáveis, as funções delta de Dirac e de Heaviside e o problema de Sturm-Liouville. O material foi pensado para o aluno ou profissional que necessita entender as funções especiais para realizar tarefas de determinada disciplina. Os capítulos contêm aplicações práticas dos temas trabalhados, tanto em problemas resolvidos quanto propostos. Por fim, constam bibliografias especializadas para outras aplicações.

SARDELLA, E. **Física-matemática**: teoria e aplicações. São Paulo: Cultura Acadêmica, 2008.

Essa obra abrange diversos tópicos da matemática, desde equações diferenciais até a análise complexa, com ênfase para as aplicações na física. O autor apresenta o conteúdo de modo claro e didático, mediante exemplos e exercícios propostos ao longo de cada capítulo. Ainda, Sardella faz uma abordagem interessante ao destacar a importância da matemática na física, demonstrando como muitos conceitos físicos dependem diretamente dos resultados matemáticos. Outro ponto positivo da obra é a presença de aplicações concretas em diversas áreas da física, como a teoria da relatividade e a mecânica quântica, permitindo ao leitor visualizar a importância da matemática na compreensão de tais fenômenos.

SYMON, K. R. **Mecânica**. 2. ed. Rio de Janeiro: Campus, 1986.

Essa obra clássica cobre um amplo espectro de tópicos relativos à mecânica clássica. É organizada em 14 capítulos, os quais abrangem desde a cinemática e a dinâmica básicas até tópicos mais avançados, como sistemas rígidos, vibrações e ondas. Os capítulos 1 a 5 são dedicados à mecânica newtoniana, nos quais são apresentados conceitos fundamentais em uma abordagem matematicamente mais complexa. Os capítulos 4 e 5 têm como tema central a dinâmica de um sistema de partículas e corpos rígidos. Já os capítulos 6 a 8 são voltados à gravitação, aos sistemas não inerciais e à mecânica dos meios contínuos. No Capítulo 9, empreende-se uma introdução à formulação da lagrangiana em direção à formulação hamiltoniana. A álgebra linear é o assunto do Capítulo 10. A rotação de um corpo rígido e a teoria das pequenas vibrações são tratadas, respectivamente, nos capítulos 11 e 12. Por fim, nos capítulos 13 e 14, o tema é a relatividade especial. Essa obra é uma importante referência para alunos e pesquisadores da área de mecânica clássica, pois apresenta uma ampla cobertura dos tópicos essenciais da disciplina. Além disso, o texto é bem-estruturado, contando com seções claras e exemplos ilustrativos, a fim de facilitar a compreensão dos conceitos abordados.

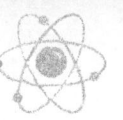

TOLEDO PIZA, A. F. R. **Mecânica quântica**. São Paulo: Edusp, 2003.

Destinado a cursos de pós-graduação, esse livro apresenta as principais teorias clássicas, como as de Einstein e Bohr, Heisenberg, Born e Jordan, além da hipótese de Planck. Em seguida, Toldeo Piza desenvolve as técnicas de aproximação básica utilizadas em aplicações correntes das teorias, ilustradas por meio de problemas clássicos da estrutura atômica. Os capítulos finais tratam de temáticas de uso geral e que requerem maior aparato técnico, acompanhados de uma introdução à mecânica quântica relativística. Todos contêm exercícios e referências bibliográficas complementares.

WOLFRAM MATHWORLD. **Bessel Function of the First Kind**. Disponível em: <https://mathworld.wolfram.com/BesselFunctionoftheFirstKind.html>. Acesso em: 15 jul. 2023.

Esse artigo fornece uma explicação detalhada da função de Bessel de primeira ordem. O texto apresenta uma definição dessa função, bem como sua representação gráfica, além de uma descrição de suas propriedades, incluindo a relação de recorrência de Bessel e as expansões de série de Bessel.

WOLFRAM MATHWORLD. **Bessel Function of the Second Kind**. Disponível em: <https://mathworld.wolfram.com/BesselFunctionoftheSecondKind.html>. Acesso em: 15 jul. 2023.

Trata-se de um resumo a respeito da função de Bessel de segunda ordem, uma função matemática que surge na solução de equações diferenciais, como a equação de onda e a de Laplace. O artigo apresenta a definição matemática dessa função, assim como suas propriedades e seus gráficos.

WOLFRAM MATHWORLD. **Cycloid**. Disponível em: <https://mathworld.wolfram.com/Cycloid.html>. Acesso em: 15 jul. 2023.

Esse texto traz uma descrição pormenorizada da cicloide, fazendo um prólogo histórico. O artigo aborda as equações paramétricas e cartesianas da cicloide, além de suas propriedades geométricas e matemáticas, como tangentes, curvatura e comprimento da curva.

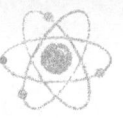

WOLFRAM MATHWORLD. **Gamma Function**. Disponível em: <https://mathworld.wolfram.com/GammaFunction.html>. Acesso em: 15 jul. 2023.

Nesse texto, discute-se a função gama, uma generalização da função fatorial para números reais e complexos. A definição de tal função é apresentada em conjunto com sua relação com a função fatorial e as propriedades básicas, incluindo a reflexão de Euler e a Fórmula de Legendre. Ainda, há diversos exemplos de aplicação da função gama em várias áreas da matemática, como a teoria das probabilidades, a análise complexa e as equações diferenciais. O artigo também trata de outras generalizações da função gama, como a função beta e a função zeta de Riemann, e fornece referências para estudos mais aprofundados acerca do assunto.

WOLFRAM MATHWORLD. **Hermite Polynomial**. Disponível em: <https://mathworld.wolfram.com/HermitePolynomial.html>. Acesso em: 15 jul. 2023.

Esse artigo fornece uma visão geral dos polinômios de Hermite, que consistem em uma família de funções polinomiais amplamente usadas na física-matemática e em outras áreas da matemática aplicada. Nele, são descritas as propriedades matemáticas dos polinômios de Hermite, incluindo sua forma geral, além de coeficientes, propriedades de simetria e ortogonalidade. Ainda, o artigo contém uma tabela com os primeiros polinômios de Hermite e sua forma analítica, bem como gráficos que ilustram a aparência desses polinômios.

WOLFRAM MATHWORLD. **Spherical Harmonic**. Disponível em: <https://mathworld.wolfram.com/SphericalHarmonic.html>. Acesso em: 15 jul. 2023.

Resumo sobre as propriedades e aplicações dos harmônicos esféricos, considerando sua relação com os polinômios associados de Legendre. Nele, exploram-se sua simetria e as propriedades de ortogonalidade.

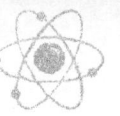

Respostas

Capítulo 1

Atividades de autoavaliação

1) Podemos transformar a matriz A em uma matriz diagonal. Logo:

$$\det UAU^{-1} = \det A = 0$$

Assim, ao menos um dos autovalores será nulo:

$$UAU^{-1} = \begin{bmatrix} \lambda_1 & & \cdots & & 0 \\ & \lambda_2 & & & \\ \vdots & & \ddots & & \vdots \\ & & & \lambda_{n-1} & \\ 0 & & \cdots & & 0 \end{bmatrix}$$

Logo, ao menos um será responsável por $A|u|=0$. O oposto também é válido. Se $A|u|=0$, o vetor $|u|$ tem autovalor nulo. Se existe ao menos um autovalor nulo, o determinante é nulo. Assim, a matriz A é singular.

2)
$$\det \begin{pmatrix} \dfrac{k}{m} - \omega^2 & -\dfrac{k}{m} & 0 \\ -\dfrac{k}{m} & \dfrac{2k}{m} - \omega^2 & -\dfrac{k}{m} \\ 0 & -\dfrac{k}{m} & \dfrac{k}{m} - \omega^2 \end{pmatrix} = 0$$

Pelo método de Laplace, usando a primeira linha:

$$\left(\frac{k}{m}-\omega^2\right)\left[\left(\frac{2k}{m}-\omega^2\right)\left(\frac{k}{m}-\omega^2\right)-\frac{k^2}{m^2}\right]-\frac{k^2}{m^2}\left(\frac{k}{m}-\omega^2\right)=0$$

$$\left(\frac{2k}{m}-\omega^2\right)\left(\frac{k}{m}-\omega^2\right)^2-\frac{2k^2}{m^2}\left(\frac{k}{m}-\omega^2\right)=0$$

Colocando $\left(\frac{k}{m}-\omega^2\right)$ em evidência:

$$\left(\frac{k}{m}-\omega^2\right)\left[\left(\frac{2k}{m}-\omega^2\right)\left(\frac{k}{m}-\omega^2\right)-\frac{2k^2}{m^2}\right]=$$

$$\left(\frac{k}{m}-\omega^2\right)\left[\frac{2k^2}{m^2}-\frac{3k}{m}\omega^2+\omega^4-\frac{2k^2}{m^2}\right]$$

$$\left(\frac{k}{m}-\omega^2\right)\left[-\frac{3k}{m}\omega^2+\omega^4\right]=\left(\frac{k}{m}-\omega^2\right)\left(\frac{k}{m}-\omega^2\right)\omega^2=0$$

Logo, os três autovalores são $\omega^2=0, \frac{k}{m}, \frac{3k}{m}$.

3) b

4) a

5) d

Atividades de aprendizagem

Questões para reflexão

1) Quantidades físicas mensuráveis são reais. O processo de medida passa pela obtenção dos autovalores da matriz associada. Logo, as matrizes precisam ser hermitianas.

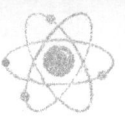

2) A mecânica quântica permite a criação de um sistema de computação quântica baseado em qubits, unidades de informação quântica que podem estar em um estado superposto de 0 e 1 simultaneamente. Isso significa que um único qubit pode armazenar mais informações do que um bit clássico, que só pode estar em um estado de 0 ou 1. Além disso, os qubits podem ser entrelaçados, isto é, suas propriedades quânticas são correlacionadas, ainda que eles estejam fisicamente separados. Um qubit consiste em uma superposição linear de dois estados, ou seja, pode ser representado como uma combinação linear:

$$|\Psi| = a_0 |0| + a_1 |1|$$

Tais propriedades quânticas permitem que a computação quântica realize cálculos em paralelo. Logo, é possível considerar todas as possibilidades da solução de um problema ao mesmo tempo. Isso permite que a computação quântica resolva problemas que seriam intransponíveis para a computação clássica em um tempo razoável. Por exemplo, o algoritmo de Shor pode fatorar um número grande em um tempo muito mais curto do que seria possível com a computação clássica. No entanto, a criação de um sistema de computação quântica escalável e confiável ainda é um desafio técnico significativo, pois os qubits são muito suscetíveis a erros e interferências externas. Ainda, a interpretação dos resultados da computação quântica é desafiadora, uma vez que estes são probabilísticos e podem ser afetados pelo processo de medição.

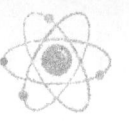

Capítulo 2

Atividades de autoavaliação

1)

a) Precisamos derivar duas vezes:

$$\frac{d^2}{dx^2}\psi + k^2\psi = \frac{d^2}{dx^2}\left(A\,\text{sen}\left(\frac{n\pi x}{L}\right)\right) + k^2 A\,\text{sen}\left(\frac{n\pi x}{L}\right) = 0$$

$$A\left[-\left(\frac{n\pi}{L}\right)^2 \text{sen}\left(\frac{n\pi x}{L}\right) + k^2 A\,\text{sen}\left(\frac{n\pi x}{L}\right)\right] =$$

$$= A\,\text{sen}\left(\frac{n\pi x}{L}\right)\left[k^2 - \left(\frac{n\pi}{L}\right)^2\right] = 0$$

Logo, para ser solução da equação, $k^2 = \left(\frac{n\pi}{L}\right)^2$.

b) Calculando a integral, temos:

$$\int_0^L A\,\text{sen}\left(\frac{n\pi x}{L}\right) A\,\text{sen}\left(\frac{n\pi x}{L}\right) dx = \int_0^L A^2 \text{sen}^2\left(\frac{n\pi x}{L}\right) dx = 1$$

Usando a identidade trigonométrica
$\text{sen}^2 x = \frac{1}{2}\left(1 - \cos(2x)\right)$:

$$\frac{A^2}{2}\int_0^L \left(1 - \cos\left(\frac{2n\pi x}{L}\right)\right) dx = \frac{A^2}{2}\left[\int_0^L dx - \int_0^L \cos\left(\frac{2n\pi x}{L}\right) dx\right] = 1$$

$$\int_0^L \cos\left(\frac{2n\pi x}{L}\right) dx = \frac{L}{2n\pi}\text{sen}\left(\frac{2n\pi x}{L}\right)\bigg|_0^L =$$

$$= \frac{L}{2n\pi}\left[\text{sen}(2n\pi) - \text{sen}(0)\right] = 0$$

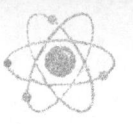

$$\frac{A^2}{2}\left[\int_0^L dx\right] = 1 \to \frac{A^2}{2}L = 1 \to A^2 = \frac{2}{L}$$

$$A = \sqrt{\frac{2}{L}}$$

2) $\left|\frac{1}{x}\right| = \int_0^\infty \psi^*(x)\left(\frac{1}{x}\right)\psi(x)dx = 4\kappa^3 \int_0^\infty xe^{-\kappa x}\left(\frac{1}{x}\right)xe^{-\kappa x}dx =$

$= 4\kappa^3 \underbrace{\int_0^\infty xe^{-2\kappa x}dx}_{\frac{1}{4}\kappa^2} = \kappa$

$$\left|\frac{d^2}{dx^2}\right| = \int_0^\infty \psi^*(x)\left(\frac{d^2}{dx^2}\right)\psi(x)dx =$$

$$= 4\kappa^3 \int_0^\infty \left((\kappa x)^2 - 2\kappa x\right)e^{-2\kappa x}dx = -\kappa^2$$

$(\psi| -\frac{1}{2}\frac{d^2}{dx^2} - \frac{1}{x}|\psi) =$

$= -\frac{1}{2}\psi|\frac{d^2}{dx^2}|\psi) - (\psi|\frac{1}{x}|\psi) = \frac{\kappa^{)2}}{2} - \kappa = H(\kappa)$

$$\frac{dH}{d\kappa} = \kappa - 1 = 0 \to H_{min}(\kappa) = -\frac{1}{2}$$

3) e

4) c

5) d

Atividades de autoaprendizagem

Questões para reflexão

1) Precisamos analisar as mudanças em algumas estruturas:

- $\rho = \sqrt{x^2 + y^2 + z^2}$ não altera mudando $(x, y, z) \to (-x, -y, -z)$.
- Se tivermos $-z = \rho \cos \varphi$, teremos uma mudança de fase, levando para $\pi - \varphi$.
- Da mesma forma, $-y = \rho \sen\theta \sen\varphi$, e isso corresponde a uma mudança para $\theta \pm \pi$ para compensar a mudança anterior.

Logo, a mudança seria $(\rho, \theta, \varphi) \to (\rho, \theta \pm \pi, \pi - \varphi)$

2) A teoria dos espaços vetoriais é essencial para compreender a resolução das equações de Sturm-Liouville, as quais são resolvidas pelo conceito de operadores lineares em espaços de funções. Estes consistem em espaços vetoriais com uma estrutura adicional de multiplicação e adição de funções. Os autovalores e autovetores das equações de Sturm-Liouville correspondem às frequências naturais e aos modos de vibração de um sistema físico, respectivamente. A resolução dessas equações, portanto, é fundamental para a compreensão e a modelagem do comportamento de sistemas vibratórios, como cordas de violão, sistemas de suspensão de pontes e, até mesmo,

moléculas e cristais. Além disso, a teoria dos espaços vetoriais é importante para o entendimento da mecânica quântica, em que os estados quânticos são representados como vetores em espaços vetoriais complexos. Conhecer a teoria de espaços vetoriais, portanto, é essencial para o estudo de uma ampla gama de tópicos em física, desde a mecânica clássica até a quântica.

Capítulo 3

Atividades de autoavaliação

1) Podemos escrever a integral em frações parciais:

$$\oint_C \left(\frac{1}{z} - \frac{1}{z+1}\right) dz = \oint_C \frac{dz}{z} - \oint_C \frac{dz}{z+1} = 2\pi i - 2\pi i = 0$$

2) Primeiro, precisamos da solução da homogênea não hermitiana, ou seja:

$$\frac{d^2\psi(t)}{dt^2} + k\frac{d\psi(t)}{dt} = 0$$

Integrando, temos:

$$\int \frac{d}{dt}\left(\frac{d\psi}{dt}\right) dt + k\int \frac{d\psi}{dt} dt = 0 \to \frac{d\psi}{dt} + k\psi = C$$

que fornece a seguinte solução:

$$\frac{d\psi}{dt} = C - k\psi \to \int \frac{d\psi}{C - k\psi} = \int dt \to -\frac{1}{k}\ln(C - k\psi) = t + h$$

$$\ln(C - k\psi) = -kt - kh$$

$$C - k\psi = e^{-kt}\underbrace{e^{-kh}}_{H} \to \psi = C\left(1 - He^{-kt}\right)$$

Sabendo que $\psi(0) = \dfrac{d\psi}{dt}(0) = 0$, temos a solução trivial

$\psi(t) = 0$ para $0 \leq t < \theta$. Já para o caso $\theta < t < \infty$, a função de Green tem a forma da solução, sendo os coeficientes dependentes do parâmetro θ:

$$G(t,\theta) = \begin{cases} 0, & \text{para } 0 \leq t < \theta \\ C(\theta)(1 - H(\theta)e^{-kt}), & \text{para } \theta < t < \infty \end{cases}$$

Precisamos estudar o comportamento na descontinuidade $t = \theta$:

$$C(\theta)\left(1 - H(\theta)e^{-kt}\right) = 0$$

Logo, $H(\theta) = e^{k\theta}$:

$$G(t,\theta) = \begin{cases} 0, & \text{para } 0 \leq t < \theta \\ \psi = C(\theta)(1 - e^{-k(t-\theta)}), & \text{para } \theta < t < \infty \end{cases}$$

Agora, temos de determinar a descontinuidade da derivada. Antes, porém, precisamos escrever a EDO de forma hermitiana, isto é, encontrando o peso ω:

$$\omega(t) = \exp\left(\int \frac{k}{1} dt\right) = e^{kt}$$

$$\left(e^{kt}\frac{d^2}{dt^2} + ke^{kt}\frac{d}{dt}\right)\psi(t) = e^{kt}f(t) \to \frac{d}{dt}\left(e^{kt}\frac{d\psi(t)}{dt}\right) = e^{kt}f(t)$$

Assim, podemos recorrer:

$$\frac{\partial}{\partial t}\left[C(\theta)\left(1-e^{-k(t-\theta)}\right)\right]_{t=\theta} = \frac{1}{p(\theta)} = e^{-kt}$$

$$C(\theta)(ke^{\theta}) = e^{-k\theta} \rightarrow C(\theta) = \frac{e^{-k\theta}}{k}$$

Logo, chegamos à função de Green:

$$G(t,\theta) = \begin{cases} 0, & \text{para } 0 \le t < \theta \\ \dfrac{e^{-k\theta} - e^{-kt}}{k}, & \text{para } \theta < t < \infty \end{cases}$$

Para resolver a EDO, basta realizar a integral:

$$\psi(t) = \int_0^t G(t,\theta)e^{k\theta}f(\theta)d\theta = \int_0^t \left(\frac{e^{-k\theta} - e^{-kt}}{k}\right)e^{(k-1)\theta}d\theta$$

$$\psi(t) = \frac{1}{k}\left[1 - \frac{1}{k-1}\left(ke^{-t} - e^{-kt}\right)\right]$$

3) e

4) d

5) d

Atividades de autoaprendizagem

Questões para reflexão

1)

$$\frac{d^2G}{dx^2} + G = \delta(x - x_0)$$

A solução geral em $x \ne x_0$ é:

$$G(x, x_0) = c_1(x_0)\cos kx + c_2(x_0)\sin kx$$

Para $x < x_0$, a condição de contorno providencia
$G(0, x_0) = c_1(x_0) = 0$.

Para $x > x_0$, a condição de contorno providencia
$G\left(\dfrac{\pi}{2k}, x_0\right) = c_2(x_0) = 0$.

Teremos, então, a função de Green:

$$G(x, x_0) = \begin{cases} c_2(x_0)\sin kx, & \text{para } x < x_0 \\ c_1(x_0)\cos kx, & \text{para } x > x_0 \end{cases}$$

Agora, para determinar os coeficientes, precisamos estudar a descontinuidade, ou seja, estudar em $x = x_0$ o valor das funções:

$$c_2 \sin kx_0 = c_1 \cos kx_0$$

Bem como a descontinuidade da derivada:

$$c_1(-k\sin kx_0) - c_2(k\cos kx_0) = 1$$

Teremos, então:

$$c_2 = -\dfrac{\cos kx_0}{k}, \quad c_1 = -\dfrac{\sin kx_0}{k}$$

$$G(x, x_0) = \begin{cases} -\dfrac{\cos kx_0}{k}\sin kx, & \text{para } x < x_0 \\ -\dfrac{\sin kx_0}{k}\cos kx, & \text{para } x > x_0 \end{cases}$$

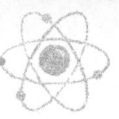

2) A função de Green é uma ferramenta matemática usada para resolver equações diferenciais parciais não homogêneas. Ela descreve como uma fonte em um ponto do espaço-tempo afeta o valor da função em outros pontos desse espaço-tempo. A função de Green é uma solução particular da equação diferencial parcial que representa a equação física e pode ser utilizada para encontrar a solução geral. Os diagramas de Feynman, por seu turno, são uma técnica gráfica para calcular amplitudes de probabilidade em teoria quântica de campos. Eles representam as interações entre partículas no que concerne a linhas que se propagam no espaço-tempo. Cada linha é associada a uma função matemática, que pode ser uma função de Green. A relação entre a função de Green e os diagramas de Feynman reside no fato de que a função pode ser representada por um diagrama de Feynman. Nas regras de Feynman, os gráficos internos são funções de Green. Tal relação é fundamental para a compreensão de muitos sistemas físicos complexos, como o efeito Casimir, a interação de partículas em um plasma, a emissão e absorção de fótons em átomos, entre outros. A combinação entre a função de Green e os diagramas de Feynman propicia uma descrição matemática completa e precisa desses sistemas complexos, sendo uma das principais ferramentas da física matemática moderna.

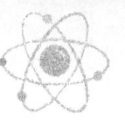

Capítulo 4

Atividades de autoavaliação

1) b

Fazendo a substituição simples $x^4 = t$ com a medida $dt = 4x^3 dx$:

$$\int_0^\infty e^{-x^4} dx = \frac{1}{4}\int_0^\infty e^{-t} t^{-\frac{3}{4}} dx = \frac{\Gamma\left(\frac{1}{4}\right)}{4} = \Gamma\left(\frac{5}{4}\right)$$

2) b

$$\sum_{n=-\infty}^\infty J_n(x) t^n = \sum_{n=-\infty}^\infty J_n(-x)(-t)^n = (-1)^n J_{2n}(-x) t^n$$

para todo n. Temos, então: $J_n(x) = (-1)^n J_n(-x)$

3) c

$$f(x) = \sum_n a_n P_n(x), \quad a_n = \frac{2n+1}{2}\int_{-1}^1 f(x) P_n(x) dx$$

$$a_n = \frac{2n+1}{2}\int_{-1}^1 \delta(1-x) P_n(x) dx = \frac{2n+1}{2} P_n(1) = \frac{2n+1}{2}$$

4)

$$L_+ Y_1^0(\theta, \phi) = e^{i\phi}\left(\frac{\partial}{\partial \theta} + i\cot g\theta \frac{\partial}{\partial \phi}\right)\sqrt{\frac{3}{4\pi}}\cos\theta$$

$$L_+ Y_1^0(\theta, \phi) = e^{i\phi}\sqrt{\frac{3}{4\pi}}(-\text{sen}\theta) = \sqrt{2}Y_1^1(\theta, \phi)$$

$$Y_1^1(\theta, \phi) = -\frac{1}{2}\sqrt{\frac{3}{4\pi}}\text{sen}\theta\, e^{i\phi}$$

5)

$$\int_{-\infty}^{\infty} e^{-x^2} \underbrace{\left[xH_n(x)\right]}_{\frac{1}{2}H_{n+1}(x)+nH_{n-1}(x)} H_m(x)dx$$

$$\int_{-\infty}^{\infty} e^{-x^2} xH_n(x)H_m(x)dx =$$

$$= \int_{-\infty}^{\infty} e^{-x^2} \frac{1}{2}H_{n+1}(x)H_m(x)dx + \int_{-\infty}^{\infty} e^{-x^2} nH_{n-1}(x)H_m(x)dx$$

$$\int_{-\infty}^{\infty} e^{-x^2} xH_n(x)H_m(x)dx =$$

$$= \frac{1}{2}\left[\sqrt{\pi}2^m m!\delta_{n+1,m}\right] + n\left[\sqrt{\pi}2^m m!\delta_{n-1,m}\right]$$

$$\int_{-\infty}^{\infty} e^{-x^2} xH_n(x)H_m(x)dx = 2^m m!\sqrt{\pi}\left(\frac{1}{2}\delta_{n+1,m} + n\delta_{n-1,m}\right)$$

Atividades de autoaprendizagem

Questões para reflexão

1) Os polinômios surgem com a EDO:

$$xy'' + (1-x)y' + ny = 0$$

Considerando os conteúdos de base expostos nos Capítulos 2 e 4, podemos encontrar os termos e chegar à ortogonalidade:

$$\omega = \frac{1}{x}\exp\left(\int \frac{1-1}{x}dx\right) = \frac{1}{x}\exp(\ln x - x) = e^{-x}$$

É possível recorrer à fórmula de Rodrigues para encontrar (com o termo *1/n!*, indicado na literatura):

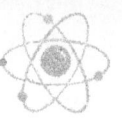

$$L_n(x) = \frac{e^x}{n!}\left(\frac{d}{dx}\right)^n \left(x^n e^{-x}\right)$$

Com essa equação, obtemos a condição de ortogonalidade:

$$\int_0^\infty e^{-x} L_m(x) L_n(x) dx = \delta_{mn}$$

2) As funções especiais da matemática surgem naturalmente na descrição de fenômenos físicos porque, muitas vezes, são soluções de equações diferenciais usadas para modelar tais fenômenos. Por exemplo, as funções de Bessel aparecem em problemas que envolvem a propagação de ondas em meios cilíndricos, como antenas de rádio. Já as funções de Legendre surgem na descrição de campos elétricos e magnéticos, como em eletrostática e eletrodinâmica. Por sua vez, as funções de Hermite ocorrem na descrição de sistemas quânticos harmônicos, como átomos e moléculas. Por fim, as funções de Laguerre aparecem na descrição de sistemas com simetria esférica, como átomos e moléculas em um campo elétrico. O significado físico dessas funções varia, a depender do contexto em que são aplicadas. As funções especiais têm implicações importantes para a compreensão fundamental do universo. Elas auxiliam na descrição da mecânica quântica, da relatividade geral, da física nuclear, da teoria do caos e de várias outras áreas da física. Entretanto, além delas, existem muitas outras funções, a saber:

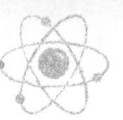

- Funções hipergeométricas: soluções para uma equação diferencial hipergeométrica.
- Funções de Mathieu: soluções de uma equação diferencial que descreve o movimento de uma partícula em um potencial periódico. Aparecem em problemas de mecânica quântica, eletromagnetismo e teoria de controle.
- Funções de Gegenbauer: soluções de uma equação diferencial que surgem em problemas de física-matemática, mecânica quântica e dinâmica de fluidos.

Não existe um "método" para incluir uma função especial, mas algumas abordagens podem ser utilizadas para se encontrar uma nova função especial, entre elas:

- Resolver uma equação diferencial relevante: muitas funções especiais surgem como soluções de equações diferenciais importantes na física e na matemática. Portanto, uma abordagem comum para determinar uma nova função especial é procurar resolver uma nova equação diferencial que apareça em determinado contexto físico. Uma vez encontrada tal solução, é possível investigar suas propriedades matemáticas e físicas para estabelecer se ela pode ser considerada especial.
- Analisar simetrias: inúmeras funções especiais ocorrem graças a simetrias específicas em um problema físico. Por exemplo, as funções de Legendre decorrem

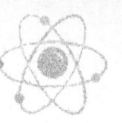

da simetria esférica de uma distribuição de carga elétrica. Logo, analisar simetrias em um problema físico pode contribuir para identificar funções especiais relevantes que possam aparecer.
- Explorar propriedades matemáticas: algumas das funções especiais são combinações ou generalizações de funções já conhecidas. Assim, explorar as propriedades matemáticas das funções existentes pode auxiliar na identificação de novas funções especiais que possam surgir como generalização.
- Analisar problemas físicos específicos: funções especiais decorrem de soluções de problemas físicos específicos. Estudar problemas físicos em um contexto específico pode ajudar a identificar novas funções especiais que possam surgir nesse contexto.

Por fim, é importante ter em mente que uma "nova função especial" precisa ter propriedades matemáticas e físicas únicas e relevantes para problemas específicos.

Capítulo 5

Atividades de autoavaliação

1) a

2) b

3) a

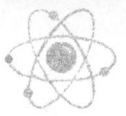

4) A derivada covariante da métrica é dada por:

$$D_\sigma g_{\mu\nu} = \partial_\sigma g_{\mu\nu} - \Gamma^\alpha_{\mu\sigma} g_{\alpha\nu} - \Gamma^\alpha_{\nu\sigma} g_{\alpha\mu}$$

Inserindo as conexões que são escritas em termos da métrica, temos:

$$D_\sigma g_{\mu\nu} = \partial_\sigma g_{\mu\nu} - \frac{1}{2} g^{\alpha\beta} \left(\partial_\mu g_{\beta\sigma} + \partial_\sigma g_{\beta\mu} + \partial_\beta g_{\mu\sigma} \right) g_{\nu\alpha} -$$

$$= \frac{1}{2} g^{\alpha\beta} \left(\partial_\nu g_{\beta\sigma} + \partial_\sigma g_{\beta\nu} + \partial_\beta g_{\nu\sigma} \right) g_{\alpha\mu}$$

Pela relação entre as métricas $g^{\alpha\beta} g_{\alpha\nu}$ e $g^{\alpha\beta} g_{\alpha\mu}$:

$$D_\sigma g_{\mu\nu} = \partial_\sigma g_{\mu\nu} - \frac{1}{2} \left(\partial_\mu g_{\nu\sigma} + \partial_\sigma g_{\nu\mu} + \partial_\nu g_{\mu\sigma} \right) - \frac{1}{2} \left(\partial_\nu g_{\mu\sigma} + \partial_\sigma g_{\mu\nu} + \partial_\mu g_{\nu\sigma} \right)$$

Ocorre um cancelamento que leva a:

$$D_\sigma g_{\mu\nu} = 0$$

Para provarmos que $D_\sigma g^{\mu\nu} = 0$, usaremos a identidade $g_{\mu\nu} g^{\nu\alpha} = \delta^\alpha_\mu$ e derivaremos covariantemente:

$$D_\sigma \left(g_{\mu\nu} g^{\nu\alpha} \right) = 0$$

Pela regra do produto:

$$g^{\nu\alpha} \underbrace{D_\sigma \left(g_{\mu\nu} \right)}_{0} + g_{\mu\nu} D_\sigma \left(g^{\nu\alpha} \right) = 0 \rightarrow g_{\mu\nu} D_\sigma \left(g^{\nu\alpha} \right) = 0$$

Multiplicando por $g^{\beta\mu}$:

$$g^{\beta\mu} g_{\mu\nu} D_\sigma \left(g^{\nu\alpha} \right) = 0 \rightarrow \delta^\beta_\nu D_\sigma \left(g^{\nu\alpha} \right) = D_\sigma \left(g^{\beta\alpha} \right) = 0$$

5) Por meio da relação $g_{ij}g^{jk} = \delta_i^k$, podemos calcular todos os casos:

- Caso cartesiano

$$(g_{ij}) = \begin{pmatrix} 1 & 0 & 0 \\ 0 & 1 & 0 \\ 0 & 0 & 1 \end{pmatrix}, (g^{ij}) = \begin{pmatrix} 1 & 0 & 0 \\ 0 & 1 & 0 \\ 0 & 0 & 1 \end{pmatrix} e\, g = 1$$

- Caso cilíndrico

$$(g_{ij}) = \begin{pmatrix} 1 & 0 & 0 \\ 0 & r^2 & 0 \\ 0 & 0 & 1 \end{pmatrix}, (g^{ij}) = \begin{pmatrix} 1 & 0 & 0 \\ 0 & \dfrac{1}{r^2} & 0 \\ 0 & 0 & 1 \end{pmatrix} e\, g = r^2$$

- Caso esférico

$$(g_{ij}) = \begin{pmatrix} 1 & 0 & 0 \\ 0 & r^2 & 0 \\ 0 & 0 & r^2 sen^2\theta \end{pmatrix}, (g^{ij}) = \begin{pmatrix} 1 & 0 & 0 \\ 0 & \dfrac{1}{r^2} & 0 \\ 0 & 0 & 1/r^2 sen^2\theta \end{pmatrix} e\, g = r^4 sen^2\theta$$

Atividades de autoaprendizagem

Questões para reflexão

1) Essa tarefa é árdua, pois envolve muitas componentes:

a)
$$g_{ij} = \text{diag}\left(e^{v(t,r)}, -e^{\lambda(t,r)}, -r^2, -r^2 sen^2\theta\right)$$
$$g^{ij} = \text{diag}\left(e^{-v(t,r)}, -e^{-\lambda(t,r)}, -r^{-2}, -r^{-2} sen^{-2}\theta\right)$$

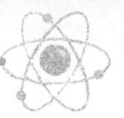

Para calcular o determinante, basta multiplicar os elementos da métrica.

b)

Símbolos de Christoffel

$$\Gamma^0_{00} = \frac{1}{2}\frac{\partial v}{\partial t}, \quad \Gamma^0_{00} = \frac{1}{2}\frac{\partial v}{\partial r}, \quad \Gamma^0_{11} = \frac{1}{2}e^{\lambda-v}\frac{\partial \lambda}{\partial t},$$

$$\Gamma^1_{00} = \frac{1}{2}e^{v-\lambda}\frac{\partial v}{\partial r}, \quad \Gamma^1_{01} = \frac{1}{2}\frac{\partial \lambda}{\partial t}$$

$$\Gamma^1_{11} = \frac{1}{2}\frac{\partial \lambda}{\partial r}, \quad \Gamma^1_{22} = -re^{-\lambda}, \quad \Gamma^1_{33} = -re^{-\lambda}, \quad \Gamma^2_{12} = \frac{1}{r}, \quad \Gamma^2_{33} = -\text{sen}\theta\cos\theta$$

$$\Gamma^3_{13} = \frac{1}{r}, \quad \Gamma^3_{23} = \cot g\theta$$

2) Um espaço-tempo com torção tem uma propriedade geométrica adicional além da curvatura. A torção corresponde a uma medida da quantidade de rotação que um vetor sofre ao ser transportado em um *loop* fechado em um espaço-tempo curvo. As consequências de considerar a torção na relatividade geral podem ser diversas, dependendo da teoria em questão. Algumas das mais importantes incluem:

- modificações nas equações de campo: a introdução da torção modifica as equações de campo da relatividade geral, o que pode conduzir a novas soluções e fenômenos físicos;
- acoplamento entre a torção e a matéria: na relatividade geral com torção, a torção pode estar acoplada à matéria e ao campo eletromagnético, o que pode levar a novos efeitos físicos. Por exemplo, ela pode

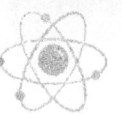

influenciar a dinâmica das partículas e a propagação das ondas gravitacionais;
- curvatura-torção: a presença da torção pode gerar uma mistura entre os conceitos de curvatura e torção, ocasionando novas interpretações físicas. Por exemplo, a curvatura-torção pode ser entendida como uma medida da quantidade de rotação no espaço-tempo;
- explicação da matéria escura: algumas teorias que incorporam a torção na relatividade geral podem explicar a existência da matéria escura, que consiste em uma forma de matéria que não interage diretamente com a luz e que ainda não foi detectada diretamente;
- teoria da gravidade quântica: a torção pode ser importante para a unificação da relatividade geral com a teoria quântica, levando à criação de uma teoria da gravidade quântica que pode explicar a natureza fundamental da gravidade em níveis subatômicos.

Capítulo 6

Atividades de autoavaliação

1) c

2) a

3) e

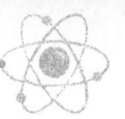

4) Para escrever a lagrangiana, precisamos das coordenadas esféricas:

$$\begin{cases} x = r\cos\phi\,\text{sen}\theta \\ y = r\,\text{sen}\phi\,\text{sen}\theta \\ z = r\cos\theta \end{cases} \rightarrow \begin{cases} \dot{x} = \dot{r}\cos\phi\,\text{sen}\theta - r\dot{\phi}\,\text{sen}\phi\,\text{sen}\theta + r\dot{\theta}\cos\phi\cos\theta \\ \dot{y} = \dot{r}\,\text{sen}\phi\,\text{sen}\theta + r\dot{\phi}\cos\phi\,\text{sen}\theta + r\dot{\theta}\,\text{sen}\phi\cos\theta \\ \dot{z} = \dot{r}\cos\theta - r\dot{\theta}\,\text{sen}\theta \end{cases}$$

Após a manipulação algébrica, encontramos a velocidade:

$$|\vec{v}|^2 = \dot{x}^2 + \dot{y}^2 + \dot{z}^2 = \left(\dot{r}^2 + r^2\dot{\theta}^2 + r^2\text{sen}^2\theta\,\dot{\phi}^2\right)$$

A lagrangiana é dada por:

$$L = T - V = \frac{m}{2}|\vec{v}|^2 - V = \frac{m}{2}\left(\dot{r}^2 + r^2\dot{\theta}^2 + r^2\text{sen}^2\theta\,\dot{\phi}^2\right) - V$$

Equações do movimento (potencial não aparece por ser constante na lagrangiana):

$$\frac{d}{dt}\left(\frac{\partial L}{\partial \dot{r}}\right) - \frac{\partial L}{\partial r} = 0, \quad m\ddot{r} - mr\left(\dot{\theta}^2 + \text{sen}^2\theta\,\dot{\phi}^2\right) = 0$$

$$\frac{d}{dt}\left(\frac{\partial L}{\partial \dot{\theta}}\right) - \frac{\partial L}{\partial \theta} = 0, \quad mr^2\ddot{\theta} + 2mr\dot{r}\dot{\theta} - mr^2\text{sen}\theta\cos\theta\,\dot{\phi}^2 = 0$$

$$\frac{d}{dt}\left(\frac{\partial L}{\partial \dot{\phi}}\right) - \frac{\partial L}{\partial \phi} = 0, \quad mr^2\text{sen}^2\theta\,\ddot{\phi} + 2mr\,\text{sen}^2\theta\,\dot{r}\dot{\phi} - 2mr^2\text{sen}\theta\cos\theta\,\dot{\theta}\dot{\phi} = 0$$

- O termos que corresponde à força centrífuga são: $-mr\left(\dot{\theta}^2 + \text{sen}^2\theta\,\dot{\phi}^2\right)$.
- Os termos que correspondem à força de Coriolis: $+2mr\,\text{sen}^2\theta\,\dot{r}\dot{\phi} - 2mr^2\text{sen}\theta\cos\theta\,\dot{\theta}\dot{\phi}$ (sendo $\dot{\phi}$ a velocidade angular do sistema de coordenadas rotacional).

5) Transformando $\phi \rightarrow e^{i\gamma}\phi$ e $\phi^* \rightarrow e^{-i\gamma}\phi^*$ na lagrangiana:

$$\partial_\mu \phi \partial^\mu \phi^* - m^2 \phi^* \phi \to \partial_\mu \left(e^{i\gamma}\phi\right) \partial^\mu \left(e^{-i\gamma}\phi\right) - m^2 \left(e^{-i\gamma}\phi^*\right)\left(e^{-i\gamma}\phi\right)$$

$$\underbrace{e^{i\gamma}e^{-i\gamma}}_{1} \partial_\mu \phi \partial^\mu \phi^* - \underbrace{e^{i\gamma}e^{-i\gamma}}_{1} m^2 \phi^* \phi = \partial_\mu \phi \partial^\mu \phi^* - m^2 \phi^* \phi$$

As simetrias desempenham um papel fundamental na teoria de campos.

- Equações de movimento:

$$\partial_\nu \left(\frac{\partial L}{\partial(\partial_\nu \phi)}\right) - \frac{\partial L}{\partial \phi} = 0 \to \partial_\nu \partial^\nu \phi^* + m^2 \phi^* = 0$$

$$\frac{\partial L}{\partial(\partial_\nu \phi)} = \frac{\partial}{\partial(\partial_\nu \phi)}\left(\partial_\mu \phi \partial^\mu \phi^*\right) = \delta_\mu^\nu \partial^\mu \phi^* = \partial^\nu \phi^*, \quad \frac{\partial L}{\partial \phi} = -m^2 \phi^*$$

$$\partial_\nu \left(\frac{\partial L}{\partial(\partial_\nu \phi^*)}\right) - \frac{\partial L}{\partial \phi^*} = 0 \to \partial_\nu \partial^\nu \phi + m^2 \phi = 0$$

Atividades de autoaprendizagem

Questões para reflexão

1) As equações de Maxwel $\partial_\nu F^{\nu\mu} = j^\mu$ ficam alteradas como

$$\partial_\nu F^{\nu\mu} + m^2 A^\mu = j^\mu$$

Assim, é natural que a função de Green se altere de modo que englobe essa massa, afetando as relações fundamentais do eletromagnetismo. Essa é a lagrangiana de Proca.

2) Caso existisse um fóton massivo, haveria implicações importantes na física teórica e experimental. Uma das mais importantes seria a modificação das equações que governam a propagação e a interação da luz com a matéria. A equação de onda de Maxwell, que descreve a propagação da luz no vácuo e em meios materiais, seria modificada para incorporar a massa do fóton. Tal modificação teria consequências práticas, entre elas a redução da velocidade da luz em relação ao seu valor atualmente conhecido. A velocidade da luz seria dada por $c = \dfrac{1}{\sqrt{\varepsilon_0 \mu_0}}$ para o vácuo, sendo ε_0 e μ_0 as constantes de permissividade e de permeabilidade elétrica do vácuo, respectivamente.

No entanto, se um fóton tivesse massa, a equação seria modificada para $c = \left(\dfrac{1}{\sqrt{\varepsilon_0 \mu_0}}\right)\left(1 + m^2 P(c)\right)$, em que m seria a massa do fóton, e $P(c)$ um polinômio a ser encontrado em função da velocidade da luz c. Isso significaria que a velocidade da luz seria um pouco menor do que o valor atualmente conhecido, causando implicações em diversas áreas da física, como na descrição da propagação da luz em meios materiais. Outra implicação prática seria a modificação da interação entre a luz e a matéria, o que poderia acarretar alterações em áreas como a astrofísica, em que a interação dos fótons com as partículas que compõem o meio intergaláctico afetaria a propagação da luz e, portanto, a observação de objetos distantes. Além disso, a modificação na interação do fóton com a matéria também poderia afetar as tecnologias baseadas em luz, como as comunicações óptica e fotônica. Por fim, destacamos que, até o momento, não há evidências experimentais que suportem a existência de fótons com massa. As medidas mais precisas realizadas até o momento mostraram que a massa do fóton é menor do que 10^{-18} eV / c^2.

Sobre o autor

Daniel Guimarães Tedesco é bacharel e mestre em Física e doutor em Ciências (Física) pela Universidade do Estado do Rio de Janeiro (UERJ). Foi professor e coordenador de curso em diversas instituições públicas, privadas e militares, tanto na física quanto na engenharia. Tem experiência na área de física, com ênfase em física das partículas elementares e campos, atuando nos seguintes temas: confinamento de glúons, simetria BRST, espaço-tempo não comutativo. Em engenharia, concentra-se na modelagem matemática para essa área. E no campo da educação, enfoca novas estratégias e metodologias ativas de ensino.

Os papéis utilizados neste livro, certificados por instituições ambientais competentes, são recicláveis, provenientes de fontes renováveis e, portanto, um meio responsável e natural de informação e conhecimento.

FSC
www.fsc.org
MISTO
Papel | Apoiando
o manejo florestal
responsável
FSC® C103535

Impressão: Reproset